Lista Preliminar da Família **Myrtaceae** na Região Nordeste do Brasil

(Série Repatriamento de Dados do Herbário de Kew para a Flora do Nordeste do Brasil, vol. 5)

Preliminary List of the **Myrtaceae** in Northeastern Brazil

(Repatriation of Kew Herbarium Data for the Flora of Northeastern Brazil Series, vol. 5)

Eve Lucas, Teonildes Nunes
& Eimear Nic Lughadha

Kew Publishing
Royal Botanic Gardens, Kew

First published in 2012 by
Royal Botanic Gardens, Kew,
Richmond, Surrey, TW9 3AB, UK
www.kew.org

ISBN 978-1-84246-428-1

British Library Cataloguing in Publication Data
A catalogue record for this book is available from the British Library

Typesetting and page layout: Christine Beard
Publishing, Design & Photography, Royal Botanic Gardens, Kew

Cover design: Jeff Eden
Front cover illustrations:
left: *Calyptranthes brasiliensis* Spreng. (photo: William Milliken);
top right: *Myrcia guianensis* (Aubl.) DC. (photo: William Milliken);
bottom right: *Blepharocalyx salicifolius* (Kunth) O.Berg (photo: Willliam Milliken).

Printed in the United Kingdom by Lightning Source

For information or to purchase all Kew titles please visit
www.kewbooks.com or email publishing@kew.org

Kew's mission is to inspire and deliver science-based plant conservation worldwide, enhancing the quality of life.

Kew receives half of its running costs from Government through the Department for Environment, Food and Rural Affairs (Defra). All other funding needed to support Kew's vital work comes from members, foundations, donors and commercial activities including book sales.

Conteúdo/Contents

Lista preliminar da Família **Myrtaceae** na Região Nordeste do Brasil

(Série Repatriamento de Dados do Herbário de Kew para a Flora do Nordeste do Brasil, vol. 5)

E. Lucas[1], T. S. Nunes[2] & E. Nic Lughadha[1]

Instituições colaboradoras:

Royal Botanic Gardens, Kew

Universidade Estadual de Feira de Santana (HUEFS), Bahia, Brasil

Centro de Pesquisas do Cacau, Itabuna, Bahia, Brazil

Editora da série: D. Zappi[1]

[1] Herbarium, Library, Art and Archives, Royal Botanic Gardens, Kew, Richmond, Surrey, TW9 3AE, United Kingdom.
[2] Universidade Estadual de Feira de Santana, Bahia, Brasil; Darwin Initiative Research Officer no herbário de Kew.

Prefácio

Esta interessante publicação será de valor aos estudiosos das Myrtaceae e aos interessados nos aspectos históricos da construção do conhecimento botânico do Nordeste do Brasil. Permite uma rápida visualização do material de Myrtaceae depositado no Herbário Kew com sua vasta riqueza de tipos nomenclaturais. Complementa a informação disponível na Lista de Espécies da Flora do Brasil 2010 e aquela disponibilizada pelos herbários que colocam os dados de suas coleções na internet, inclusive, os esforços de repatriamento digital do próprio Royal Botanic Gardens, Kew.

Destaco ainda que acredito que o trabalho entusiasmado das autoras teve um papel importante em reunir os botânicos com interesse na família, encorajando-os a encarar o desafio de incluir Myrtaceae entre as publicações do World Checklist of Selected Plant Families.

Brasília, 30 de agosto de 2011
Carolyn Elinore Barnes Proença

Agradecimentos

Gostaríamos de agradecer

- à então Reitora da Universidade Estadual de Feira de Santana, Dra Anaci Bispo Paim, e ao Curador do Herbário HUEFS, Dr Luciano Paganucci de Queiroz, pelo afastamento de um ano (1998-9) concedido a Teonildes Nunes para trabalhar neste projeto no Herbário do Jardim Botânico de Kew.

- a Charlotte-Murray-Smith, Laura Jennings e Freda Ojo, responsáveis pela manutenção do banco de dados durante os anos subsequentes à primeira fase do projeto.

- a Sally Hinchcliffe e Antonella Linguanti do Departamento de Informática de Kew, que desenharam o banco de dados na sua fase inicial.

- aos especialistas da família Myrtaceae, Marcos Sobral, Carolyn Proença, Fiorella Mazine and Leslie Landrum, que contribuíram com identificações para este projeto durante vários anos

- à Darwin Initiative (1998-2000) e British American Tobacco (2001-2005) pelas bolsas concedidas para custear o projeto 'Repatriamento de dados do Herbário de Kew para a Flora do Nordeste do Brasil'

- a diversos indivíduos da equipe da América Tropical do Kew, pela coordenação e apoio à fase principal deste projeto, Sandy Atkins, Brian Stannard, Simon Mayo e Nicholas Hind.

Resumo

O presente trabalho é um resultado do levantamento dos registros de herbário da família Myrtaceae para o projeto "Repatriamento de dados do Herbário de Kew para a Flora do Nordeste do Brasil" (http://www.kew.org/science/tropamerica/repatriation); trata-se do quinto volume da série. A coleção de espécimes brasileiros de Myrtaceae no Herbário de Kew (K) collection of herbarium é extremamente rica em materiais-tipo, resultado de relacionamentos profissionais e programas de permuta realizados durante os séculos 19 e 20 entre botânicos e coletores contemporâneos e outras coleções européias, especialmente o herbário de Berlim (B). Os estudos de Bentham e Hooker a respeito da família Myrtaceae enriqueceram esse intercâmbio. Na segunda metade do século 20, duplicatas de espécimes do Nordeste do Brasil chegaram a Kew como resultado dos projetos e expedições de Raymond Harley e seus colaboradores na flora dos Campos Rupestres e também por parte dos botânicos do Centro de Pesquisas do Cacau, Itabuna, Bahia (CEPEC), Scott Mori, André de Carvalho, André Amorim, Wayt Thomas e colaboradores, estes focalizando mais a região da mata atlântica. Nos últimos dez anos, Kew recebeu duplicatas de expedições lideradas por Ray Harley e Ana Maria Giulietti, Luciano de Queiroz e colegas da Universidade Estadual de Feira de Santana (herbário HUEFS). Assim como nos outros volumes desta série, o resultado da história dessas aquisições reflete numa excelente cobertura do estado da Bahia, enquanto que os outros estados do Nordeste do Brasil são menos representados. A identificação dos espécimes foi realizada por especialistas trabalhando em Kew ou visitando as coleções, e através da consulta de monografias e também de bases de dados de espécimes na internet em instituições com especialistas ativos na pesquisa da família Myrtaceae. Um total de 237 taxa foram registradas em 18 gêneros; esses estão organizados alfabeticamente e por estado, coletor e número. Grande parte dos dados aqui disponíveis encontravam-se website do Projeto de Repatriamento de dados do Nodeste e, hoje em dia, estão no Herbarium Catalogue de Kew (http://apps.kew.org/herbcat/navigator.do), onde podem ser consultadas também imagens dos materiais-tipo que foram adicionadas ao website pelo projeto Latin American Plants Initiative (LAPI). Os dados restantes podem ser obtidos através de consultas à primeira autora. Em seguida à lista de espécies, uma lista de espécimes organizada a partir de coletores e números, seguidos da identificação relevante, é apresentada com intuito de facilitar o trabalho de identificação das coleções de herbário.

Introdução

A família Myrtaceae ocupa o oitavo lugar entre as dicotiledêneas no Brasil (Forzza *et al*. 2010) e é também a oitava maior do mundo (Paton *et al*. 2008). Trata-se de uma família bem delimitada com representantes lenhosos distribuídos em duas subfamílias, 17 tribos, cerca de 140 gêneros e cerca de 5600 espécies, das quais apenas uma tribo, Myrteae, com 34 gêneros e cerca de 2500 espécies (World Checklist of Plant Families 2011) ocorrem na América do Sul. Esta família encontra-se muito bem distribuída no continente sul americano, sendo que a Mata Atlântica, o bioma mais ameaçado do Brasil, é o seu centro de diversidade. Neste bioma as Myrtaceae ocupam o sexto lugar em termos de número de espécies (Forzza *et al*. 2010), tendo sido referidas como a família de plantas arbóreas mais diversa no litoral da Bahia (Mori *et al*. 1983; Oliveira-Filho & Fontes 2000), e recentemente foi utilizada como indicadora da diversidade total de angiospermas na Mata Atlântica (Murray-Smith *et al*. 2009). A semelhança morfológica entre as diferentes espécies de Myrtaceae é muito grande e a história nomenclatural e taxonômica das mesmas é bastante complicada, sendo considerada uma família notória em termos de dificuldade de identificação. Um grande número de espécimes não determinados ou com identificação duvidosa é encontrado em herbários, impedindo a determinação de coletas novas e resultando na identificação de espécimes de Myrtaceae como morfo-espécies, como por exemplo 'Myrtaceae indet. sp. 1' (Guedes & Orge 1998; Zappi *et al*. 2003). Consequentemente, o número total de espécies de Myrtaceae frequentemente é subestimado, fazendo com que a diversidade de espécies em uma determinada área pareça menor do que é na realidade; esse padrão foi observado no presente trabalho para o nordeste do Brasil.

Pode-se dizer que as espécies sulamericanas de Myrtaceae são amplamente distribuídas mas, em sua maioria, as distribuição das mesmas restringe-se a um tipo de habitat ou bioma. Thomas *et al.* (1998) descrevem três centros de endemismo na Mata Atlântica: Pernambuco e Alagoas (PE–AL), Bahia e norte do Espírito Santo (BA–ES); e a porção da Serra do Mar entre São Paulo e o Rio de Janeiro (SP–RJ). A composição de espécies de Myrtaceae corresponde a esse padrão de distribuição, porém poucas espécies foram registradas para a região dentre Pernambuco e Alagoas (Murray-Smith *et al.* 2009). Murray-Smith *et al.* (2009) estudaram o grande gênero *Myrcia s.l.* e estimaram que cerca de 51% das espécies presentes na mata atlântica são endêmicas para este bioma, perfazendo 15% de todas as espécies conhecidas de *Myrcia s.l.* No Nordeste do Brasil as Myrtaceae são também comumente encontradas nos campos rupestres, na faixa de cerrado a oeste dos mesmos e no domínio da caatinga (e.g. Stannard, 1995; Lima *et al.* 1999; Guedes *et al.* 2002, Zappi *et al.*, 2002), assim como nas áreas de ecótono entre esses habitats. Espécies novas e endêmicas tem sido descritas com certa regularidade (e.g. Nic Lughadha, 1994; Mazine, 2008; Proença *et al.*, 2006).

Estudos em andamento sobre as áreas de endemismo das Myrtaceae sulamericanas indicam que tanto a Amazônica como a Mata Atlântica possuem composição de espécies distintas, compartilhando relativamente poucas espécies. O cerrado e a caatinga, com influência estacional mais marcante, parecem representar zonas transicionais para as espécies de Myrtaceae, onde encontramos menores níveis de endemismo quando comparados com biomas constantemente úmidos. Porções setentrionais e ocidentais desses biomas compartilham mais espécies com a floresta Amazônica enquanto as regiões orientais e meridionais apresentam mais sobreposição com a Mata Atlântica. Fora do Brasil, as áreas com maior endemismo de gêneros e espécies de Myrtaceae concentram-se no Caribe e nas Guianas, com números menores na América Central, centro e sul dos Andes, e da érea meridional da América do Sul conforme descrito por Cabrera and Willink (1980).

O objetivo principal do presente estudo foi prepar uma lista atualizada das coletas de Myrtaceae do Nordeste do Brasil depositadas em Kew, aumentando assim o acesso a informação pertinente para estudos taxonômicos, ecológicos e de conservação em uma flora relativamente pouco conhecida. A identidade dos materiais-tipo encontrados em Kew foi confirmada e anotações relevantes, assim como imagens digitais dos mesmos, encontram-se disponíveis separadamente.

Material e Métodos

Área de estudo e parâmetros do projeto

Como na maioria dos volumes anteriores desta série, foram incluídos no Nordeste do Brasil os estados de Alagoas, Bahia, Ceará, Paraíba, Pernambuco, Piauí, Rio Grande do Norte e Sergipe, que formam o domínio das caatingas, mas não o estado do Maranhão, pois este não faz parte da vegetação de caatinga (Zappi & Nunes 2002; César *et al.* 2006). Foram incluídos no projeto apenas espécimes depositados no Herbário de Kew.

Métodos

Um banco de dados inicial foi preparado por Teonildes Nunes em 1998, listando todas as coleções de Myrtaceae do Nordeste do Brasil depositadas no Kew; a busca a nível de gênero foi efetuada com ajuda de um banco de dados preparado por N. Brummitt (não publicado) listando todos os gêneros representados no Kew encontrados no Brasil. Dados referentes ao material de proveniência incerta foram investigados com intuito de certificar-se de que esse táxon foi (ou não) coletado na área estudada. Em caso de material-tipo encontrado no Kew, o protólogo, ou descrição original, foi localizado e copiado para acompanhar imagens de alta qualidade (cibachromes) que foram preparados com intuito de enviá-los aos herbários colaboradores, CEPEC, IPA e HUEFFS sob forma de 'pacotes de repatriamento'. Os mesmos tipos foram localizados através de um projeto posterior, o Latin American Plants Initiative, e estão disponíveis para estudo no Herbarium Catalogue de Kew (http://apps.kew.org/herbcat/navigator.do).

Após o final do projeto "Repatriamento de dados do herbário de Kew para a Flora do Nordeste do Brasil" o banco de dados tem sido mantido em dia para os gêneros *Myrcia s.l.* (Lucas *et al.*, 2007): *Calyptranthes, Marlierea, Myrcia s.s.* e também *Algrizea* (Proença *et al.*, 2006), um gênero recentemente descrito e proximamente relacionado aos anteriores. A presente lista registra tanto a primeira fase do trabalho, que inclui todos os espécimes históricos incorporados no Herbário K até 1998, assim como uma fase focalizada no grupo de *Myrcia* s.l. e *Algrizea*, adicionando todos os espécimes com novas determinações incluídos até o momento.

A revisão inicial dos espécimes e a categorização do material-tipo foi feita por Eimear Nic Lughadha e, a partir de 2003, revisão de tipos, determinações e identificação de novo material foram realizadas por Eve Lucas com a assistência de Laura Jennings, Charlotte Murray-Smith e Ana Claudia Araújo. Houve também uma visita de um grupo internacional de especialistas em Myrtaceae a Kew em 2005, cujas determinações contribuíram com a melhoria da qualidade dos dados aqui apresentados. Entre eles, Leslie Landrum, Fiorella Mazine, Carolyn Proença e Marcos Sobral identificaram boa quantidade de material proveniente de estados do Nordeste do Brasil. A nomenclature utilizada segue aquela do World Checklist of Selected Plant Families (WCSP, 2010), refletindo um consenso taxonômico entre vários especialistas da família.

Durante o presente estudo espécimes que podem pertencer a um determinado táxon mas onde o determinador não contava com certeza absoluta foram qualificados através de **cf.** O qualificador **aff.** foi usado em espécimes que possuem semelhanças morfológicas com um certo táxon mas que provavelmente pertencem a espécies ainda não descritas.

Todo o material-tipo foi suplementado com etiquetas esclarecendo a categoria do tipo e fornecendo esclarecimentos e outras informações relacionadas ao espécime e ao nome em questão. Desta maneira foi possível identificar material-tipo ainda não reconhecido dentro da coleção, esclarecer a categoria dos tipos (holótipos, isótipos, síntipos, lectótipos) e a organização acurada de grandes números de espécimes previamente não identificados.

A distribuição das espécies na região foi mapeada utilizando um mapa das ecorregiões da WWF (Olson *et al.*, 2001, WWF 2010) e o programa ArcGIS (9.1), usando os 1242 registros para os quais a informação das etiquetas era suficiente para realizar o geo-referenciamento. Dessa maneira foi possível registrar o número de espécies registradas para cada tipo de vegetação.

Resultados

A base de dados compreende 1415 espécimes de Myrtaceae do Nordeste do Brasil, representando 237entidades a nível de espécie (incluindo aquelas identificadas com "cf." ou "aff."), 190 espécies confirmadas em 18 gêneros; 106 materiais-tipo foram localizados, correspondendo a 98 nomes. A Bahia é o estado com o maior número de materiais-tipo (56), nos gêneros *Algrizea* (1), *Campomanesia* (1); *Calyptranthes* (1); *Myrciaria* (1); *Marlierea* (2); *Psidium* (3), *Eugenia*

(17), *Myrcia* (28). A Bahia também apresenta o maior número de espécies (216, incluindo aquelas qualificadas com "cf." ou "aff."), com os demais estados apresentando apenas 22 espécies adicionais; 24 das espécies encontradas na Bahia ocorrem também em um ou mais estados (Fig. 1). Na Bahia ocorrem 18 gêneros, enquanto nos outros estados ocorrem apenas 9 gêneros (Fig. 1). Dos 18 gêneros registrados para a Bahia, apenas 9 (*Calycolpus, Calyptranthes, Campomanesia, Eugenia, Marlierea, Mitranthes, Myrcia, Myrciaria* e *Psidium*) ocorrem em outros estados. Os demais estados do Nordeste apresentam o seguinte número de gêneros: Alagoas (7), Pernambuco (5), Piauí (3), Ceará (3), Paraíba (3) e Sergipe (1). Não há registros do Rio Grande do Norte (Mapa 1).

As espécies mais frequentemente coletadas no Nordeste, de acordo com os espécimes de herbário, são *Myrcia guianensis* (135), *Myrcia splendens* (104), *Eugenia punicifolia* (89), *Myrcia tomentosa* (53), *Myrcia venulosa* (37) e *Myrcia blanchetiana* (32). Os coletores mais importantes de Myrtaceae no Nordeste nas últimas décadas foram: Wilson Ganev (253 espécimes), Raymond M. Harley (235 espécimes) e Scott A. Mori (114 espécimes). As coleções histórias mais importantes desta família no Kew são as de George Gardner (65 espécimes) e Jacques S. Blanchet (26 espécimes).

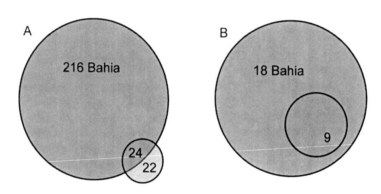

Figura 1. Comparação entre A. Espécies confirmadas, B, gêneros ocorrentes na Bahia (círculo maior) e aqueles encontrados nos outros estados do Nordeste (círculo menor).

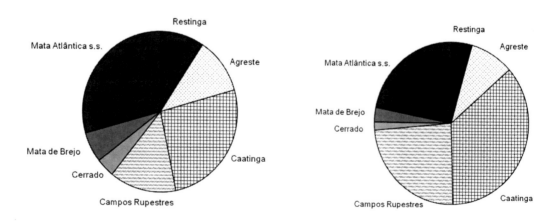

Figura 2. A. Espécies registradas por ecorregião, B. Espécimes analisados por ecorregião.

Tabela 1. Espécies registradas e espécimes analisados por ecorregião da WWF (incluindo percentagens)

Ecorregião da WWF	espécies registradas	% espécies registradas	Espécimes	% Espécimes
Mata Atlântica s.s. (Coastal forest)	115	29	273	22
Restinga (Atlantic Coast restingas)	36	9	54	4
Agreste (Atlantic dry forests)	44	11	113	9
Caatinga	103	26	449	36
Campos Rupestres	54	14	297	24
Cerrado	15	4	20	2
Mata de Brejo (Interior forest)	24	6	36	3
Total	391		1242	

A Tabela 1 e a Figura 2 mostram que um total de 38% das espécies de Myrtaceae representadas no herbário de Kew foram coletadas na Mata Atlântica sensu stricto (excluindo agreste e brejos interioranos) e Restinga. Uma proporção menor das espécies foi coletada em ambientes mais estacionais como o Cerrado (4%), o Agreste (11%), Campo Rupestre (14%) e a Caatinga (26%). O número de espécies registradas na Caatinga é relativamente maior do que aquele encontrado no Cerrado e no Campo Rupestre, especialmente considerando que a Caatinga é geralmente considerada como um dos domínios fitogeográficos com menor riqueza de espécies (Forzza *et al.* 2010). O padrão observado para os espécimes coletados nos diferentes tipos de vegetação difere ligeiramente, com um menor número de espécimes (26%) coletado na Mata Atlântica s.s. (incluindo a Restinga), uma proporção maior coletada na Caatinga (incluindo o Agreste) (44%), enquanto que nas vegetações campestres foram coletados 26% dos espécimes, ou seja, 24% nos Campos Rupestres e 2% no Cerrado.

Discussão

Como visto em outros volumes desta série (Zappi & Nunes, 2003, César *et al.*, 2006, Araújo *et al.*, 2007, Hind & Miranda, 2008), o número de espécies encontrado na Bahia sugere que este estado seja mais diverso do que os outros estados do Nordeste, sem dúvida devido à presença de tipos de vegetação mais variados nesse estado. De qualquer maneira, os resultados podem também ter sido influenciados pela existência de coletas mais abundantes na Bahia como um resultado das atividades florísticas acentuadas nesse estado nas últimas décadas. A pobreza de coletas de Myrtaceae nos demais estados do Nordeste é também sublinhada no trabalho de Murray-Smith *et al.* (2008), que também verifica que, apesar da Bahia apresentar um nível de coletas mais alto dentre os estados nordestinos, em relação aos demais estados do sul e sudeste do Brasil tanto a Bahia quanto o Espírito Santo ainda estão sub-representados. Os resultados encontrados acima (Fig. 2) mostram que a contribuição do número de espécimes coletados em termos de número de espécies registradas encontrado para a Mata Atlântica é maior do que aquele registrado para o Campo Rupestres, sugerindo que um maior investimento em coletas na Mata Atlântica sul-bahiana irá provavelmente aumentar a representação de espécies encontradas nessa área.

Os resultados encontrados indicam que, a nível genérico, as Myrtaceae não demonstram níveis altos de endemismo nos estados do Nordeste a norte da Bahia, com todos os gêneros desses estados presentes na Bahia. Entre os gêneros econtrados na Bahia mas ausentes dos outros estados, é possível que tais gêneros venham eventualmente a ser coletados (desde que o habitat dos mesmos ainda esteja presente), mas é provável que alguns dos gêneros associados a tipos de vegetação específica, como *Myrceugenia* (ocorrendo em regiões mais altas com floresta semi-decídua e campos rupestres na Bahia) e *Algrizea* (encontrado em carrasco rochoso, também na Bahia) não estejam presentes em outros estados do Nordeste. A maioria dos gêneros mostra maior riqueza de espécies na Mata Atlântica do Nordeste, por exemplo os grandes gêneros *Eugenia* e *Myrcia sensu lato* (c. 1000 e 750 espécies, respectivamente; World Checklist of Plant Families, 2011) são muito dispersos em toda a América do Sul, mas o centro de diversidade encontra-se na Mata Atlântica e em matas semi-decíduas e cerrados associados. A maior parte da distribuição das espécies encontra-se correlacionada com tipos vegetacionais e, embora haja muitas espécies endêmicas em ecossistemas mais estacionais, como cerrado, caatinga e campo rupestre, uma análise mais ampla do gênero *Myrcia* (Lucas, 2007) indica que, para tal gênero, tais biomas não parecem apresentar um nível de endemismo muito acentuado. Parece que a maioria das espécies encontradas nesses outros ambientes são compartilhadas, seja com a Mata Atlântica, seja com a floresta Amazônica.

A partir da análise das coleções depositadas no Herbário K, a maioria das quais é originária dos biomas mais sasonais encontrados no interior do país, embora uma parte significativa tenha sido coletada no Domínio da Mata Atlântica. O grande número de espécimes coletados em regiões estacionais ou semi-áridas deve-se a um grande número de expedições organizadas pelo Royal

Botanic Gardens, Kew a partir de 1970 e que estendeu-se durante mais de vinte anos. Por outro lado, em termos de número de espécies, encontramos nas formações úmidas um número semelhante àquele encontrado nas formações sazonais, confirmando os dados apresentados por diversos autores (e.g. Mori *et al.*, 1983) de que a diversidade da família Myrtaceae é mais alta na Mata Atlântica. As coleções depositadas no Herbário K provenientes da Mata Atlântica do Nordeste do Brasil são em sua maioria duplicatas da coleção do Herbário CEPEC, Centro de Pesquisas do Cacau (CEPLAC). O número alto de coletas e espécies registradas para o Domínio das Caatingas (Veloso *et al.* 1991) pode ser explicado através da inclusão de diferentes tipos de vegetação dentro deste domínio, como os Campos Rupestres da Cadeia do Espinhaço dentro do polígono das Caatingas no mapa de ecorregiões da WWF. Enquanto este fator certamente altera os resultados da análise apresentada, os dados encontrados continuam a ser de interesse ao considerar padrões de diversidade das espécies de Myrtaceae no Nordeste to Brasil.

À publicação recente do Catálogo de Plantas e Fungos do Brasil (Forzza *et al.* 2010) trás uma oportunidade para investigar o quanto os padrões descritos acima, baseados exclusivamente em material de herbário depositado no Herbário de Kew, coincidem com aqueles documentados durante a preparação do inventário nacional. No Catálogo, Sobral *et al.* (2010) registram um total de 270 espécies em 16 gêneros de Myrtaceae no Nordeste do Brasil, sugerindo que o material depositado em Kew (com c. 237 espécies em 18 gêneros) fornece uma boa representação da diversidade de Myrtaceae no Nordeste do Brasil. A discrepância entre os números de gêneros encontrados entre as duas listas deve-se à inclusão de registros de *Pimenta* e de alguns registros duvidosos de *Mitranthes* e *Myrcianthes*, e à omissão do gênero *Syzygium*, introduzido nas Américas, que é incluído por Sobral *et al.* (2010). Das 270 espécies documentadas no Nordeste por Sobral *et al.* (2010), apenas 41 não são registradas para a Bahia, indicando claramente que a dominância de espécies da Bahia nesta lista baseada em registros de herbário não é simplesmente um efeito da representatividade maior dos espécimes da Bahia no Herbário de Kew.

Conclusão

Com a finalidade de resolver problemas taxonômicos nas espécies de Myrtaceae do Nordeste do Brasil e de compreender melhor as floras dos estados nos quais esta família ocorre, faz-se necessário realizar mais coletas nessa região. Um maior esforço de coleta nos estados ao norte da Bahia seria útil para confirmar a causa da falta de registros, seja por falta de coletas apropriadas ou mesmo um reflexo de uma diversidade mais baixa da família nesses estados. Enquanto isso, a presente lista irá representar uma ferramenta útil para auxiliar aqueles que desejam entender a taxonomia de Myrtaceae no Nordeste, organizar as coleções desta família nos seus herbários ou identificar material para realizar trabalhos de cunho ambiental, ecológico ou taxonômico.

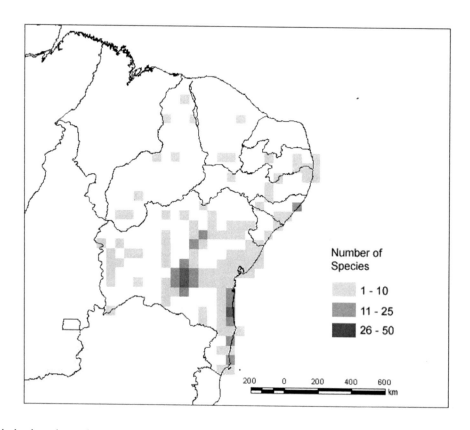

Mapa 1. Densidade de coletas de Myrtaceae no Nordeste do Brasil a partir dos espécimes depositados no Herbário K.

Bibliografia/References

Araújo, A. C., César, E. A. & Simpson, D. A. (2007) Lista preliminar da Família Cyperaceae na Região Nordeste do Brasil / Preliminary list of the Cyperaceae in Northeastern Brazil. *Série Repatriamento de Dados do Herbário de Kew para a Flora do Nordeste do Brasil*, vol. 3. Royal Botanic Gardens, Kew.

César, E. A., Juchum, F. S., & Lewis, G. P. (2006) Lista preliminar da Família Leguminosae na Região Nordeste do Brasil / Preliminary list of the Leguminosae in Northeastern Brazil. *Série Repatriamento de Dados do Herbário de Kew para a Flora do Nordeste do Brasil*, vol. 2. Royal Botanic Gardens, Kew.

Forzza, R. C.; Leitman, P. M.; Costa, A. F.; Carvalho Jr., A. A.; Peixoto, A. L.; Walter, B. M. T.; Bicudo, C.; Zappi, D.; Costa, D. P.; Lleras, E.; Martinelli, G.; Lima, H. C.; Prado, J.; Stehmann, J. R.; Baumgratz, J. F. A.; Pirani, J. R.; Sylvestre, L.; Maia, L. C.; Lohmann, L. G.; Queiroz, L. P.; Silveira, M.; Coelho, M. N.; Mamede, M. C.; Bastos, M. N. C.; Morim, M. P.; Barbosa, M. R.; Menezes, M.; Hopkins, M.; Secco, R.; Cavalcanti, T. B.; Souza, V. C. (eds). (2010) *Catálogo de Plantas e Fungos do Brasil*, 2 vols. Andrea Jakobsson Estúdio/Jardim Botânico do Rio de Janeiro.

Guedes, M. L. & Orge, M. D. (1998) *Checklist das espécies vasculares do Morro do Pai Inácio (Palmeiras) e Serra da Chapadinha (Lençóis)*, Chapada Diamantina. Salvador, Bahia, Brazil.

Hind, D. J. N., & Miranda, E. B. (2008) Lista preliminar da Família Compositae na Região Nordeste do Brasil/ Preliminary list of the Compositae in Northeastern Brazil. *Série Repatriamento de Dados do Herbário de Kew para a Flora do Nordeste do Brasil*, vol. 4. Royal Botanic Gardens, Kew.

Lima, J. L. S., Cavalcanti, N. B., Lima, E. R, Carvalho, K. M., Oresotu, B. A & Oliveira, C. A. V. (1999) Levantamento fitoecológico do município de Petrolina – PE. In: Araújo, F. D., Prendergast, H. D. V. & Mayo, S. J. (eds), *Anais do I Workshop Geral Plantas do Nordeste*.

Lucas, E. J. (2007) *Systematic studies in Neotropical Myrtaceae with an emphasis on Myrcia s.l. – The evolution and biogeography of a large South American clade*. PhD diss. Open University, UK.

Lucas, E. J., Harris, S. A., Mazine, F. F., Belsham, S. R., Nic Lughadha, E. M., Telford, A., Gasson, P. E. & Chase, M. W. (2007). Suprageneric phylogenetics of Myrteae, the generically richest tribe in Myrtaceae (Myrtales). *Taxon* 56: 1105–1128.

Mazine, F. F. & Souza, V. C. (2008). A new species of *Eugenia* (Myrtaceae) from northeastern Brazil. *Bot. J. Lin. Soc.*, 158: 775

Mori, S. A., Boom, B. M., de Carvalino, A. M., & dos Santos, T. S. (1983) Ecological Importance of Myrtaceae in an Eastern Brazilian Wet Forest. *Biotropica* 15: 68–70.

Nic Lughadha, E. M. (1994) Notes on the Myrtaceae of the Pico das Almas, Bahia, Brazil. *Kew Bulletin* 49 (2): 321.

Olson, D. M., Dinerstein, E., Wikramanayake, E. D., Burgess, N. D., Powell, G. V. N., Underwood, E. C., D'Amico, J. A., Itoua, I., Strand, H. E., Morrison, J. C., Loucks, C. J., Allnutt, T. F., Ricketts, T. H., Kura, Y., Lamoreux, J. F., Wettengel, W. W., Hedao, P. & Kassem, K. R. (2001) Terrestrial Ecoregions of the World: A New Map of Life on Earth. *BioScience*, 51 (11):933.

Paton, A. P. Brummitt, N. Govaerts, R. Harman, K. Hinchcliffe, S., Allkin, R. & Nic Lughadha, E. (2008). Towards Target 1 of the Global Strategy for Plant Conservation: a working list of all known plant species – progress and prospects. *Taxon* 57: 602–611.

Proença, C. E. B., Nic Lughadha, E. M., Lucas, E. J., & Woodgyer, E. M. (2006). *Algrizea* (Myrteae, Myrtaceae): A New Genus from the Highlands of Brazil. *Syst. Bot.* 31: 320.

Sobral, M.; Proença, C.; Souza, M.; Mazine, F. & Lucas, E. (2010). Myrtaceae in: Forzza, R. C.; Leitman, P. M.; Costa, A. F.; Carvalho Jr., A. A.; Peixoto, A. L.; Walter, B. M. T.; Bicudo, C.; Zappi, D.; Costa, D. P.; Lleras, E.; Martinelli, G.; Lima, H. C.; Prado, J.; Stehmann, J. R.; Baumgratz, J. F. A.; Pirani, J. R.; Sylvestre, L.; Maia, L. C.; Lohmann, L. G.; Queiroz, L. P.; Silveira, M.; Coelho, M. N.; Mamede, M. C.; Bastos, M. N. C.; Morim, M. P.; Barbosa, M. R.; Menezes, M.; Hopkins, M.; Secco, R.; Cavalcanti, T. B.; Souza, V. C. (eds). (2010) *Catálogo de Plantas e Fungos do Brasil*, vol 2: 1301–1330. Andrea Jakobsson Estúdio/Jardim Botânico do Rio de Janeiro.

Stannard, B. L., (1995) *Flora of the Pico das Almas, Chapada Diamantina, Bahia, Brazil.* (Kew Publishing: Royal Botanic Gardens, Kew).

Veloso, H. P., Rangel Filho, A. L. R. & Lima, J. C. A. (1991). *Classificação da Vegetação Brasileira adaptada a um sistema universal.* Rio de Janeiro, IBGE.

WWF Terrestrial Ecoregions (2010). Available on the internet; www.worldwildlife.org/science/ecoregions accessed September 2010

Zappi, D. C., Lucas, E. J., Stannard, B. L., Nic Lughadha, E., Pirani, J. R., Queiroz, L. P., Atkins, S., Hind, N., Giulietti, A. M., Harley, R. M., Mayo, S. J. & Carvalho, A. M. (2002). Biodiversidade e conservação na Chapada Diamantina, Bahia: Catolés, um estudo de caso. In: Araújo, E. L., Moura, A. N., Sampaio, E. V. S. B., Gestinari, L. M. S. & Carnerio, J. M. T. (eds) *Biodiversidade conservacação e uso sustentável da flora do Brazil. Recife: Univ. Fed. Rural de Pernambuco and Sociedade Botanica do Brazil.* 87–89.

Zappi, D. C. & Nunes, T. S. (2003). Lista preliminar da Família Rubiaceae na Região Nordeste do Brasil/

Preliminary list of the Rubiaceae in Northeastern Brazil. *Série Repatriamento de Dados do Herbário de Kew para a Flora do Nordeste do Brasil*, vol. 1. Royal Botanic Gardens, Kew.

Zappi, D. C., E. J. Lucas, B. L. Stannard, E. Nic Lughadha, J. R. Pirani, L. P. Queiroz, S. Atkins, A. M. Giulietti, D.J.N. Hind, R. M. Harley & A. M. Carvalho (2003). Checklist of the vascular plants of Catolés, Chapada Diamantina, Bahia, Brazil. *Bol. Bot. Univ. Sao Paulo* 21(2): 345–398

World Checklist of Selected Plant Families (2011). The Board of Trustees of the Royal Botanic Gardens, Kew. Published on the Internet; www.kew.org/wcsp accessed 20/04/2011

Preliminary List of the **Myrtaceae** in Northeastern Brazil

(Repatriation of Kew Herbarium data for the Flora of Northeastern Brazil series, vol. 5)

E. Lucas[1], T. S. Nunes[2] & E. Nic Lughadha[1]

Collaborating Institutions

Royal Botanic Gardens, Kew

Universidade Estadual de Feira de Santana, Bahia, Brazil

Centro de Pesquisas do Cacau, Itabuna, Bahia, Brazil

Series editor: D. Zappi[1]

[1] Herbarium, Library, Art and Archives, Royal Botanic Gardens, Kew, TW9 3AE
[2] Universidade Estadual de Feira de Santana, Bahia, Brasil; Darwin Initiative Research Officer at Kew.

Foreword

This interesting publication will be of value to researchers interested in the Myrtaceae and historical aspects of the construction of the botanical knowledge of northeastern Brazil. It allows a quick preview of the material deposited in the Herbarium Kew Myrtaceae with its vast wealth of nomenclatural types. It complements the information available in the List of Endangered Species of Flora of Brazil in 2010 and herbarium data provided by those herbaria with collections available on the internet, including those repatriated by the Royal Botanic Gardens, Kew itself.

This work also highlights the important role that these authors played in enthusiastically bringing together botanists with an interest in the family, encouraging them to face the challenge of including Myrtaceae among the publications of the World Checklist of Selected Plant Families.

Brasília, August 30th 2011
Carolyn Elinore Barnes Proença

Acknowledgements

We would like to thank the Rector of the Universidade Estadual de Feira de Santana, Dr Anaci Bispo Paim, and the Curator of the Herbarium HUEFS, Dr Luciano Pagnucci de Queiroz, for the secondment of Teonildes Nunes to Kew for one year in 1998–9, to work on this project; Charlotte-Murray-Smith, Laura Jennings and Freda Ojo who updated and maintained the database in the years following the first and major phase of the project. Sally Hinchcliffe and Antonella Linguanti from the Computer Unit at Kew organised the data and provided databasing guidance in the early years. Thanks are due to Marcos Sobral, Carolyn Proença, Fiorella Mazine and Leslie Landrum who have contributed specimen identifications to this project over the years. We are grateful also to the Darwin Initiative and British American Tobacco who funded this project from 1998–2000 and 2001–2005, respectively. Individuals of the Tropical America Regional team at Kew coordinated and supported the major phase of this project, Sandy Atkins, Brian Stannard, Simon Mayo, Nicholas Hind.

Summary

The list presented here is a synthesis of Myrtaceae records captured from herbarium specimens for the project "Repatriation of Kew Herbarium data for the Flora do Nordeste, Brazil" (http://www.kew.org/science/tropamerica/repatriation); it is the fifth and final volume in this series. The Kew collection of herbarium specimens of Myrtaceae from Brazil (including the North Eastern states) is particularly rich in type material as a result of the professional relationships and exchange programs of Kew's 19th and early 20th century botanists with contemporary collectors and other European herbaria, notably Berlin. The studies of Myrtaceae by Bentham and Hooker enhanced this exchange. The second half of the 20th century saw duplicate Myrtaceae collections arrive at Kew as a result of the expeditions of Raymond Harley and collaborators in the Flora of the Campo Rupestres and also of botanists from the Centro de Pesquisas do Cacau, Itabuna, Bahia (CEPEC), Scott Mori, Andre de Carvalho, Andre Amorim, Wayt Thomas and collaborators, collecting more in the Atlantic forests. The last ten years have witnessed a welcome addition of duplicates from expeditions lead by Ray Harley and Ana Maria Giulietti, Luciano de Queiroz and colleagues from the Universidade Estadual de Feira de Santana. As in the other volumes in this series, the result of this acquisition history is that specimen coverage from Bahia is good while that from the other North Eastern states is rather less so. Specimens have been identified by specialists working at or visiting the Kew Herbarium, by consulting monographs and the on-line specimen databases of herbaria with active Myrtaceae specialists. In total 237 taxa are recorded in 18 genera; these are alphabetically arranged and sorted by state, collector and number. Much of the data presented here was formerly available through the Northeastern Brazilian Repatriation Project website and can now be found through Kew's Herbarium Catalogue (http://apps.kew.org/herbcat/navigator.do), where data and images of type specimens from Latin America are being added from the Latin American Plants Initiative (LAPI) programme. The remainder of the data can be obtained on request from the first author; in addition, a full list of numbered exsiccatae is provided at the end of this volume, in order to facilitate identification of specimens.

Introduction

Myrtaceae is the eighth largest dicot family in Brazil (Forzza et al., 2010) and also the eighth largest in the world (Paton et al. 2008), it is a well-delimited woody family of two subfamilies, 17 tribes, c. 140 genera and c. 5600 species of which a single tribe, Myrteae, comprising 34 genera and c. 2500 species (World Checklist of Plant Families, 2011) occurs in South America. Myrtaceae are extremely widespread on this continent; the centre of species diversity is in the threatened Atlantic rainforest biome where it is the sixth largest family (Forzza et al., 2010) but where in some areas of coastal Bahia it has been shown to be the most species-rich tree family (Mori et al. 1983; Oliveira-Filho & Fontes 2000). Myrtaceae has also been shown to be an indicator of total angiosperm diversity (Murray-Smith et al. 2009). Morphological similarity of Myrtaceae species is high and their taxonomic and nomenclatural history is complex, resulting in notorious identification difficulties. Herbaria generally contain large numbers of unidentified or poorly identified Myrtaceae specimens, impeding identification of new collections, resulting in specimens collected during ecological surveys being routinely identified as 'morpho-species', e.g. 'Myrtaceae indet. sp. 1' (Guedes & Orge 1998; Zappi et al. 2003). Furthermore, numbers of Myrtaceae species are regularly underestimated, and the species diversity of an area therefore appears poorer; a pattern demonstrated here in the northern states of Northeastern Brazil.

South American Myrtaceae species can be widespread but the majority of species are restricted to a given habitat or biome. Thomas et al. (1998) described three centres of species endemism in the Atlantic rainforest: Pernambuco and Alagoas (PE–AL), Bahia and northern Espírito Santo (BA–ES); and the Serra do Mar mountain range between São Paulo and Rio de Janeiro (SP–RJ). Myrtaceae species composition corresponds to this pattern, with the exception that very few species are recorded from the PE–AL region (Murray-Smith et al. 2009). Murray-Smith et al. (2009) focused on the large genus *Myrcia s.l.* and estimated that c. 51% species present in the biome are endemic to it and that these endemics make up some 15% of all *Myrcia s.l.* species. In Northeastern Brazil, Myrtaceae are common in the 'campos rupestres' and in the cerrado to the west of the region, as well as in the caatinga biome (Stannard, 1995; Lima et al. 1999; Guedes et al. 2002, Zappi et al., 2002) and in the ecotonal areas between them, with new and endemic species described with reasonable regularity (e.g.

Nic Lughadha, 1994; Mazine, 2008; Proença *et al.*, 2006). Studies underway on areas of endemism of South American Myrtaceae indicate that the Amazon and Atlantic forest biomes have distinct species compositions, sharing relatively few species. The more seasonal biomes, such as the cerrado and caatinga, appear to be transitional zones for Myrtaceae, with lower species endemicity compared to the wet forest biomes. Northern and western parts of each of these biomes share more species with the Amazon forest while the southern and eastern parts share more species with the Atlantic forest. Extra-Brazilian areas of Myrtaceae generic and specific endemism are concentrated in the Caribbean, the Guianas, and with lower species numbers in central America, the central to southern Andes and the southern South American area described by Cabrera and Willink (1980).

The main objective of this study was to prepare an up to date list of verified Northeastern Brazilian Myrtaceae collections housed at Kew, thereby increasing access to important taxonomic, ecological and conservation information on the relatively poorly known flora of this area. The status of Kew's Myrtaceae type specimens is confirmed, these specimens are listed here and available separately as digital images annotated with updated collection localities and other relevant taxonomic information.

Materials and Methods

Study area and project parameters

As in the previous volumes of this series, we include in Northeastern Brazil the states of Piauí, Ceará, Rio Grande do Norte, Paríba, Pernambuco, Sergipe, Alagoas and Bahia, which form the *'caatingas dominium'* phytogeographical region. This study excludes Maranhào as it is floristically closer to the Amazon region. Other parameters used here follow those implemented by Zappi & Nunes (2002).

Methods

An initial herbarium specimen database was compiled in 1998 by Teonildes Nunes based on all of Kew's Myrtaceae holdings from the Northeastern Brazilian states listed above; genera to be surveyed for Northeastern Brazilian material were shortlisted using a database prepared by N. Brummitt (unpubl.) documenting all genera at Kew and their regional distributions. Material of uncertain provenance was also checked to confirm its origin from NE Brazil or otherwise. Protologues were located and copied for all names for which the type collection was confirmed to be at Kew and the types were imaged as high resolution, colour contact prints (cibachromes). The protologues were attached to the cibachromes and the material was sent to the partner herbaria at CEPEC, IPA and HUEFFS as a 'repatriation package'. Subsequently, the same types were located and imaged by the Latin American Plants Initiative, and are available to study at Kew's Herbarium Catalogue (**http://apps.kew.org/herbcat/navigator.do).**

Subsequent to the work of the "Repatriation of Kew Herbarium data for the Flora do Nordeste, Brazil" project, the database has been maintained up to date for the genera of *Myrcia s.l.* (Lucas *et al.*, 2007): *Calyptranthes, Marlierea* and *Myrcia s.s.*, also of the recently described and closely related *Algrizea* (Proença *et al.*, 2006). The result is that this checklist represents two 'snap-shots in time' of Kew's Northeastern Brazil Myrtaceae: the first, of the majority of genera includes all specimens from the inception of the Kew Herbarium until 1998, the second, includes all *Myrcia s.l.* and *Algrizea* specimens updated to 2011, as well as specimens of all genera newly determined to date.

Initial revision of specimen identification and type status was carried out by Eimear Nic Lughadha but from 2003 onwards, revision of type specimens, determinations and identification of new material has been carried out by Eve Lucas with the assistance of Laura Jennings, Charlotte Murray-Smith and Ana Claudia Araújo. The database has also benefitted from the visit to Kew in 2005 by an international team of Myrtaceae specialists whose determinations have greatly enhanced this work; those who named significant amounts of northeastern Brazilian material were Leslie Landrum, Fiorella Mazine, Carolyn Proença and Marcos Sobral. Nomenclature applied here follows the on-line World Checklist of Selected Plant Families (WCSP, 2010) that reflects taxonomic consensus amongst key Myrtaceae workers.

During this study, specimens that could belong to a particular taxon but where the identifier could not be absolutely certain were assigned the qualifier **cf.** The qualifier **aff.** was used for collections that show morphological similarity to a well-understood taxon but that probably belong to an undescribed species.

Type material was supplemented with a label clarifying information from old and/or incomplete collecting labels and determination slips, and information relative to the species to which the type specimen is associated. This exercise allowed the identification of previously unrecognized type material, the clarification of the status of many names and the accurate (re)curation and naming of large quantities of previously unidentified material.

To better understand the distribution of the species of the Northeast of Brazil according to the vegetation type in which they are found, the 1242 records for which label information was sufficient for georeferencing were plotted and overlaid onto the WWF ecoregions (Olson *et al.*, 2001, WWF 2010) map using ArcGIS (9.1). The map was queried to assign a vegetation type to each specimen. From this, it was possible to record the numbers of species found in each vegetation type.

Results

The database comprises 1415 specimens of Myrtaceae from Northeastern Brazil, representing 237 entities at species level (including those determined with a qualifier 'cf.' or 'aff.'), 190 confirmed species, in 18 genera; 106 types, corresponding to 98 names are also listed. Bahia is the state with the largest number of types (56), these are in the current genera *Algrizea* (1), *Campomanesia* (1); *Calyptranthes* (1); *Myrciaria* (1); *Marlierea* (2); *Psidium* (3), *Eugenia* (17), *Myrcia* (28). Bahia had the largest number of species (216, including those qualified 'cf. or 'aff.'), with the remaining states providing specimens for only a further 22 species; 24 of the species found in Bahia occurred also in one or more of the other states (Fig. 1). Eighteen genera are reported from Bahia, of which only 9 (*Calycolpus, Calyptranthes, Campomanesia, Eugenia, Marlierea, Mitranthes, Myrcia, Myrciaria, Psidium*) are found in the other states. Numbers of genera per state are as follows Alagoas (7), Pernambuco (5), Piauí (3), Ceará (3), Paraíba (3) and Sergipe (1). Rio Grande do Norte had no records (map 1).

In Northeastern Brazil, the most frequently occurring species (as represented by Kew herbarium specimens) are *Myrcia guianensis* (135), *M. splendens* (104), *Eugenia punicifolia* (89), *Myrcia tomentosa* (53), *M. venulosa* (37). and *M. blanchetiana* (32). The three most important collectors of Myrtaceae in Northeastern Brazil in the last few decades are: Wilson Ganev (253 collections),

Raymond M. Harley (235 collections) and Scott A. Mori (114 collections). The largest historic collections of this family at Kew are those of George Gardner (65 collections) and Jacques S. Blanchet (26 collections).

It can be seen (Table 1, Fig. 2) that a total of 38% of the Myrtaceae species represented in the Kew Herbarium were collected from Atlantic Coast restinga and Coastal forests combined. This is in contrast to the relatively low proportion of species collected from the more seasonal ecosystems of the Cerrado (4%), Atlantic dry forest (11%), Campo Rupestre (14%) and Caatinga (26%). It is interesting that the number of species recorded from the Caatinga is considerably higher than from the Cerrado or Campo Rupestre as the Caatinga is generally considered a poorer in terms of species richness (Forzza *et al.* 2010). The pattern of specimens collected by vegetation type differs slightly, with fewer (26%) collected from the two Atlantic Coast Restinga and the Atlantic Coastal forest combined , a higher proportion (44%) from the Caatinga including the Atlantic dry forests, while 26% were collected in savanna, i.e. Campo Rupestre (24%) and Cerrado (2%).

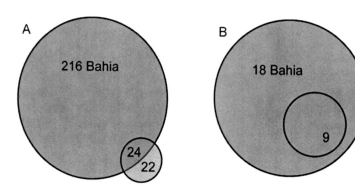

Figure 1. Comparison between A. species, B, genera occurring in Bahia (large circle) and those found in the remaining states of Northeastern Brazil (smaller circle).

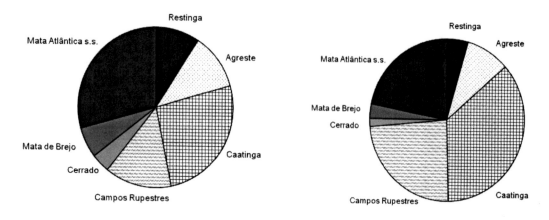

Figure 2. A. Species records per ecoregion, B. Specimens per ecoregion

Table 1. Species records and Specimens per WWF ecoregion (including percentages)

WWF ecoregion	Species records	% Species records	Specimens	% Specimens
Coastal forest	115	29	273	22
Atlantic Coast restinga	36	9	54	4
Atlantic dry forest	44	11	113	9
Caatinga	103	26	449	36
Campos Rupestres	54	14	297	24
Cerrado	15	4	20	2
Interior forest	24	6	36	3
Total	391		1242	

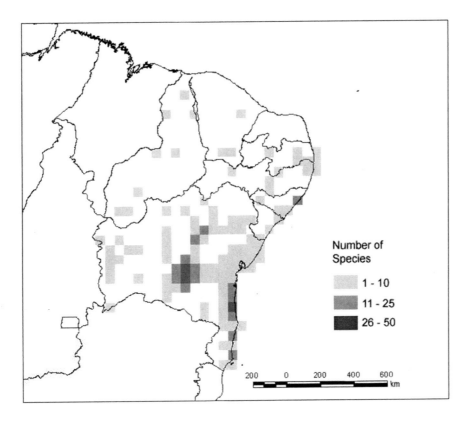

Map 1. Species density map of the Myrtaceae collections from Northeastern Brazil from the Royal Botanic Gardens, Kew.

Discussion

As reported in the other volumes of this series (Zappi & Nunes, 2003, César *et al.*, 2006, Araújo *et al.*, 2007, Hind & Miranda, 2008), species counts presented here suggest that the state of Bahia is much more diverse than the other states of northeastern Brazil, doubtless in part due to greater variation of vegetation types in Bahia. However, the results could also be influenced by higher collection densities from Bahia as a result of field work by Kew and collaborators and more generally as a result of focused activity in this state in recent decades. The

dearth of Myrtaceae collections from the northeastern states north of Bahia is also highlighted by the study of Murray-Smith *et al.* (2008) which also demonstrates that while Bahia may be deemed better collected in within a Northeastern Brazil context, both Bahia and Espírito Santo, are poorly collected states compared to the southern states of Brazil. The results found above (Fig. 2) by comparing the number of specimens with the contribution in terms of species numbers found in the Atlantic forest show that fewer collections represent proportionally more species than the more abundant collections made in the campos rupestres, adding further weight to the argument that investment in collections in the Atlantic Forest of Bahia will improve the species representation within this area.

Results indicate that Myrtaceae genera in the Northeastern states do not demonstrate high levels of endemism, with all genera from the non-Bahian states also found in Bahia. Of the genera found in Bahia but not in the other states of the Northeast, in most cases it is highly likely that these genera will eventually be collected (provided the habitats remain), however those associated with more specific vegetation types such as *Myrceugenia* (from the altitudinal, semi-deciduous forests and campos rupestres of Bahia) and *Algrizea* (particularly from the 'Carrasco de Campo Rupestre' and 'Cerrado de Altitude', also from Bahia) are not likely to be found elsewhere in the Northeast. The majority of genera are most speciose in the coastal forests of Northeastern Brazil; the large genera *Eugenia* and *Myrcia sensu lato* (c. 1000 and 750 species, respectively; World Checklist of Plant Families, 2011) are extremely widespread throughout south America, but their centres of species diversity are both in the Atlantic forests and nearby semi-deciduous forests/cerrado. The majority of species distributions are correlated with vegetation type however, and although many species are endemic to the cerrado, caatinga and campo rupestre ecosystems, deeper analysis of *Myrcia s.l.* (Lucas, 2007) indicates that these biomes do not boast significant levels of species endemism of their own. Instead, the majority of *Myrcia s.l.* species found in these drier biomes are shared with either the Atlantic or Amazonian moist forests.

It can be seen that most Kew collections of Myrtaceae have been made in the seasonal biomes towards the interior of the area, although a significant proportion of the Kew collection originates from the coastal, wetter forests also. The larger number of specimens from these seasonal and dry vegetations is a product of the many Kew-led collecting expeditions in and around the Espinhaço mountain range in Northern Bahia in the 1970s and those that continued with Kew botanists into the 1990s. Despite this pattern, species representation is more or less equally split between the wet forests and the dry biomes, confirming the findings of several authors (e.g. Mori *et al.*, 1983) that Myrtaceae species diversity peaks in the Atlantic forest. Kew Myrtaceae collections from the Atlantic forest of North East Brasil are mostly duplicates of collections made by botanists from the CEPEC herbarium of the Centro de Pesquisas do Cacau (CEPLAC). The unexpected high number of collections made and species recorded in the Caatingas dominium (Veloso *et al.* 1991) finds its explanation in the inclusion of different types of vegetation, such as Campo Rupestre of the Espinhaço range within the Caatinga polygon in the WWF terrestrial ecoregion shapefile. While this skews the result, the findings are nevertheless of interest when considering overall patterns of Myrtaceae species distribution in the Northeast of Brazil.

The recent publication of the Catálogo de Plantas e Fungos do Brasil (Forzza *et al.* 2010) provides an opportunity to explore the extent to which the patterns described above, based exclusively on Myrtaceae material deposited in the Kew herbarium, coincide with those documented in the preparation of Brazil's national floristic inventory. In this Catalogue, Sobral *et al.* (2010) report a total of 270 species in 16 genera of Myrtaceae for NE Brazil, suggesting that the Kew herbarium material (representing c. 237 species in 18 genera) provides a good snapshot of NE Brazilian Myrtaceae. The discrepancy in numbers of genera between the lists is due to the inclusion in the present list of records for *Pimenta* and doubtful records for *Mitranthes* and *Myrcianthes* and to the omission from our list of the Old World genus *Syzygium* which is included by Sobral *et al.* (2010). Of the 270 species documented from the Northeast by Sobral *et al.* (2010) all but 41 are reported from Bahia, a clear indication that the prevalence of Bahian species in our specimen-based list is not simply an artefact of over-representation of Bahian material in the Kew collections.

Conclusion

To resolve taxonomic issues in Northeastern Myrtaceae and to better understand the floras of the states in which this family are found, further, more focused collecting in these regions is necessary. A focus on the most northern states would be useful to confirm if the lack of species recorded from them is a genuine reflection of their floristic make-up or is more due to under-collection in these areas. In the mean time, this check-list provides a useful tool for those wishing to further understand the Myrtaceae of Northeastern Brazil, to curate herbarium collections of this family and to use them for further environmental, ecological or taxonomic study.

Lista da Família Myrtaceae

Algrizea macrochlamys (DC.) Proença & Nic Lughadha
Bahia
Abaíra: Brejo do Engenho. 30/12/1991, *Nic Lughadha,
E.* et al., in H50565
Abaíra: Caminho Ribeirão de Baixo-Piatã, pelas
Quebradas. Serra do Atalho. 28/11/1992, *Ganev, W.*
1579
Abaíra: Capão de Leci-Catolés. 18/11/1992, *Ganev, W.*
1483
Abaíra: Catolés de Cima, próximo ao Rio do Calado,
próximo a cancela velha da água limpa.
23/10/1992, *Ganev, W.* 1327 Abaíra: Catolés.
20/12/1991, *Harley, R.M.* et al., in H50171
Abaíra: Engenho de Baixo-Catolés, próximo ao Rio
do Ribeirão. 20/11/1992, *Ganev, W.* 1513
Abaíra: Mendonça de Daniel Abreu, a 3 km de
Catolés, a beira de rio do Ribeirão. 15/10/1992,
Ganev, W. 1227
Abaíra: Roçadão, próximo a Catolés. 23/12/1993,
Ganev, W. 2699
Gentio do Ouro: Alrededores de Santo Inácio y hasta
9 km al N, camino a Xique-Xique, Serra do Açuruá.
27/11/1992, *Arbo, M.M.* et al., 5340
Juazeiro: in campestribus ad villam Joazeiro, ad fines
Pernambucenses, nec non prope villas Caytete et
Rio das Contas prov. Bahiensis. 1827, *Martius,
C.F.P. von*, ISOTYPE, *Myrcia macrochlamys* DC.
Morro do Chapéu: Estrada do Prefeito para Brejões.
2/12/2006, *França, F.* et al., 5574
Rio de Contas: Barro Branco, próximo a Ouro Fino.
28/9/1993, *Ganev, W.* 2253
Rio de Contas: Rio da Água Suja, próximo ao Riacho
Fundo. 27/7/1993, *Ganev, W.* 1996

Blepharocalyx eggersii (Kiaersk.) Landrum
Bahia
Unloc: Reserva Biologica do Pau Brasil (CEPEC) 17
km W from Porto Seguro, on road to Eunapolis.
20/1/1977, *Harley, R.M.* et al., 18122
Maraú: 5 km SE of Maraú at junction with new road
N to Ponta do Muta. 2/2/1977, *Harley, R.M.* et al.,
18473
Santa Cruz Cabrália: 2–4 km a W de Santa Cruz
Cabrália, pela estrada antiga. 21/10/1978, *Mori, S.A.*
et al., 10897
Santa Cruz Cabrália: E Porto Seguro. Rod. BR-367, a
18,7 km ao N de Porto Seguro. Prox. ao nivel do
mar. 20/3/1978, *Mori, S.A.* et al., 9746
Santa Cruz Cabrália: km 4 da estrada que liga S. C.
de Cabrália. 19/6/1980, *Mattos Silva, L.A.* et al., 914

Blepharocalyx salicifolius (Kunth) O.Berg
Bahia
Abaíra: Belo Horizonte, acima do Jambreiro, próximo
a Serra do Sumaré. 26/10/1992, *Ganev, W.* 1367

Abaíra: Catolés de Cima, Brejo de Altino. 31/10/1993,
Ganev, W. 2377
Abaíra: Catolés de Cima: Beira do Córrego do NBem
Querer. 24/11/1992, *Ganev, W.* 1558
Abaíra: Guarda-Mor, caminho Guarda-Mor-Serrinha-
Catolés. 3/11/1993, *Ganev, W.* 2407
Abaíra: Jambeiro, próximo a Catolés. 10/9/1993,
Ganev, W. 2203
Abaíra: Jambreiro-Belo Horizonte. 23/10/1993,
Ganev, W. 2291
Abaíra: Marques, caminho ligando Marques, a estrada
velha da Furna. 6/11/1993, *Ganev, W.* 2437
Abaíra: Perto do riacho da Quebrada, ao pé da Serra
do Atalho 26/12/1991, *Harley, R.M.* et al., in H50438
Abaíra: Salão, 9 km de Catolés na estrada para Inúbia
28/12/1991, *Harley, R.M.* et al., in H50521
Abaíra: Serra das Brenhas. 22/10/1992, *Ganev, W.* 1303
Abaíra: Serra dos Frios. 12/11/1993, *Ganev, W.* 2476
Abaíra: Subida da Serra do Atalho, caminho Ribeirão
de Baixo Piatã, pelas Quebradas 29/11/1992,
Ganev, W. 1596
Abaíra: Tanque dos escravos, acima do Garimpo da
Mata. 21/5/1992, *Ganev, W.* 337
Barra da Estiva: 8 km S de Barra da Estiva, caminho
a Ituacu: Morro do Ouro y Morro da Torre.
23/11/1992, *Arbo, M.M.* et al., 5738
Catolés: Encosta da Serra da Tromba. 7/9/1996,
Harley, R.M. et al., 28365
Palmeiras: Pai Inácio. Morro do Pai Inácio.
22/11/1994, *Melo, E.* et al., in PCD 1273
Piatã: Quebrada da Serra do Atalho 26/12/1991,
Harley, R.M. et al., in H50392
Rio de Contas: Barra Branco, próximo a Ouro Fino.
28/9/1993, *Ganev, W.* 2258
Rio de Contas: Encosta da Serra dos Frios, Água
Limpa. 25/8/1993, *Ganev, W.* 2131
Rio de Contas: Ladeira do Toucinho. Caminho
Catolés-Arapiranga 30/8/1993, *Ganev, W.* 2164
Rio de Contas: Rio da Água Suja, caminho Jaqueira –
passagem de Arapiranga. 28/8/1993, *Ganev, W.* 2133
Rio de Contas: Serra Marsalina (Serra da antena de
TV.) 18/11/1996, *Harley, R.M.* et al., in PCD 4489

Calycolpus legrandii Mattos
Alagoas
Marechal Deodoro: Massagueira, estrada para Barra
de São Miguel. 30/1/1982, *Vaz, A.M.J.F.* et al., 407
Bahia
Salvador: Dunas de Itapuã, próximo ao Condominio
Alameda da Praia, arredores da Lagoa do Urubu
2/12/1991, *Queiroz, L.P. de* 2521

Calyptranthes brasiliensis Spreng.
Bahia
Unloc: 12 km S along road from Portal de Ilhéus just

past Cururupe. 5/1/1977, *Harley, R.M.* et al., 17812

Unloc: Between Alcobaça and Caravelas on BA 001 highway. 20 km S. of Alcobaça. 17/1/1977, *Harley, R.M.* et al., 18046

Alcobaça: Rod. BA 001, a 5 km ao Sul de Alcobaça. 17/3/1978, *Mori, S.A.* et al., 9604

Ilhéus: *Riedel, L.* 338, ISOTYPE, *Calyptranthes mutabilis* O.Berg.

Morro do Chapéu: Tamboril 4/4/1986, *Carvalho, A.M.V.* et al., 2416

Nova Viçosa: Restinga arbórea 1 km da cidade. 5/1/1987, *Farney, C.* 1312

Vitória: probable in campis ad urbem Vitória., Sellow, F. 367

Calyptranthes cf. *brasiliensis* Spreng.
Bahia

Abaíra: Boa Vista 28/11/1993, *Ganev, W.* 2591

Abaíra: Boa Vista, ca. de 4 km de Catolés. 12/11/1992, *Ganev, W.* 1412

Abaíra: Caminho Capão de Levi-Serrinha 31/10/1993, *Ganev, W.* 2622

Abaíra: Campo da Pedra Grande 23/1/1992, *Nic Lughadha, E.* et al., in H51013

Abaíra: Campo de Ouro Fino (alto) 26/1/1992, *Nic Lughadha, E.* et al., in H51016

Abaíra: Catolés de Cima, Serra do Rei, subida pelo Tijuquinho. 16/11/1992, *Ganev, W.* 1453

Abaíra: Jambreiro, caminho Jambreiro-Belo Horizonte. 22/11/1993, *Ganev, W.* 2547

Calyptranthes clusiifolia (Miq.)O.Berg
Alagoas

Maçeió: 2/1838, *Gardner, G.* 1302

Bahia

Maraú: Estrada que liga Ponta do Muta (Porto de Campinhos) a Maraú, a 28 km do Porto. 6/2/1979, *Mori, S.A.* et al., 11437

Una: Rod. BA-265, a 23 km de Una. 26/2/1978, *Mori, S.A.* et al., 9301

Calyptranthes aff. *clusiifolia* (Miq.) O.Berg
Bahia

Lençóis: Serra do Chapadinha. Serra do Brejao. 28/9/1994, *Giulietti, A.M.* et al., in PCD 892

Calyptranthes grandifolia O.Berg
Bahia

Morro do Chapéu: 19.5 km SE of Morro do Chapéu on road to Mundo Novo. 31/5/1980, *Harley, R.M.* et al., 22862

Morro do Chapéu: Rio Ferro Doido. 3/3/1997, *Gasson, P.* et al., in PCD 5973

Calyptranthes lucida Mart. ex DC.
Bahia

Abaíra: Arredores de Catolés 24/12/1991, *Harley, R.M.* et al., in H50340

Abaíra: Rio da Água Suja (volta) Estiva. 12/9/1993, *Ganev, W.* 2224

Água Quente: Pico das Almas. Vertente norte. Vale ao noroeste do Pico 1/12/1988, *Harley, R.M.* et al., 26555

Calyptranthes aff. *lucida* Mart. ex DC.
Bahia

Saude: Caminho para cachoeira do Paiaio. 4/4/1996, *Woodgyer, E.* et al., *Giulietti, A.M., Harley, R., Guedes, M.L.* in PCD 2838, 2840

Calyptranthes ovalifolia Cambess.
Bahia

Abaíra: Boa Vista 20/12/1991, *Harley, R.M.* et al., in H50142

Abaíra: Ladeira rochosa entre Ouro Fino e Pedra Grande 26/1/1992, *Nic Lughadha, E.* et al., in H51015

Andaraí: Caminho para antiga estrada Xique-Xique do Igatu. 14/2/1997, *Stannard, B.* et al., in PCD 5632

Barra da Estiva: 20 km NE de Barra da Estiva, camino a Sincorá Velho. 23/11/1992, *Arbo, M.M.* et al., 5742

Barra da Estiva: Ca. 16 km N of Barra da Estiva, near the Ibicoara road. 31/1/1974, *Harley, R.M.* et al., 15754

Mucugê: Caminho para Guiné. 15/2/1997, *Stannard, B.* et al., in PCD 5672

Calyptranthes pulchella DC.
Bahia

Abaíra: Catolés de Cima, serra do Rei, subida pelo Tijuquinho. 16/11/1992, *Ganev, W.* 1454

Palmeiras: embaixo da Cachoeira da Fumaça 6/4/1997, *Conceição, A.A.* et al., 512

Rio de Contas: Perto do Pico das Almas, em local chamado Queiroz (preto de Brumadinho) 21/2/1987, *Harley, R.M.* et al., 24601

Rio de Contas: Pico das Almas 21/2/1987, *Harley, R.M.* et al., 24542

Rio de Contas: Pico das Almas. Vertente leste. Campo do Queiroz 28/11/1988, *Harley, R.M.* et al., 26646

Rio de Contas: Trilha para o Pico das Almas. Campo do Quieroz. 22/1/1999, *Farney, C.* et al., 3873

Calyptranthes restingae Sobral
Bahia

Ilhéus: km 19 Ilhéus/Una, Cana Brava. 11/2/1983, *Carvalho, A.M.V.* et al., 1610

Olivença: a direita de estrada principal, c. 2 km a sul de Olivença 4/12/2006, *Lucas, E.J.* et al., 990

Una: entrada para a estrada de Rio das Pedras 6/12/2006, *Lucas, E.J.* et al., 1087

Calyptranthes aff. *tetraptera* O.Berg
Bahia

Cocos: Fazenda Trijunçao, Área de Sede Santa Lucia. 6/7/2001, *Fonseca, M.L.* et al., 2879

Calyptranthes spp.
Bahia

Ilhéus: Fazenda Barra do Manguinho, km 11 da Rodovia Ilhéus/Olivença/Una (BA 001). 22/11/1984, *Voeks, R.* 59

Itacaré: Ramal a esquerda na estrada Ubaitaba/Itacaré, a 4 km do loteamento da Marambaia 20/11/1991, Amorim, A.M. 457

Rio de Contas: Boa Sentenca. Nas Margens do riacho.
26/1/2001, *Harley, R.M.* et al., in H54077
Santo Amaro: BA-026, 9 km W de Santo Amaro.
22/11/1986, *Queiroz, L.P. de* 1373
Una: Estrada Olivença/Vila Brasil, 33 km ao SW de
Olivença. Marium, fazenda 2 de Julho. 12/5/1981,
Carvalho, A.M.V. et al., 672

Campomanesia aromatica (Aubl.) Griseb.
Alagoas
Unloc: 1838, *Gardner, G.* 1292
Pernambuco
Unloc: Ante Quartel Teixeira in prov. Pernambuco.
1837, Pohl 1052, ISOSYNTYPE, *Campomanesia
ciliata* O.Berg.

Campomanesia dichotoma (O.Berg) Mattos
Alagoas
Unloc: 1838, *Gardner, G.* 1294, ISOTYPE, *Britoa
dichotoma* O.Berg.
Bahia
Ilhéus: 12/1821, *Riedel, L.* 487, ISOTYPE, *Britoa
triflora* var. *ilensis* O.Berg.
Pernambuco
Unloc: Island of Itamaracá. 12/1837, *Gardner, G.*
1019, ISOTYPE, *Britoa psidioides* O.Berg.

Campomanesia eugenioides (Cambess.) D.Legrand
Alagoas
Coruripe: 9 km da Zona Urbana; Al-201. 28/3/1985,
Lyra-Lemos, R.P. de et al., 690
Bahia
Unloc: Ad desertum Bahiae.1827, *Martius, C.F.P. von*,
ISOTYPE, *Psidium desertorum* DC.
Unloc: Cicero Dantas 28/5/1981, *Gonçalves, L.M.C.* 112
Abaíra: Curralinho. 28/10/1992, *Ganev, W.* 1380
Abaíra: Engenho de Baixo-Catolés, próximo ao Rio
do Ribeirão. 20/11/1992, *Ganev, W.* 1511
Cachoeira: Fazenda Favela. 13/12/1992, *Queiroz, L.P.
de* 2964
Feira de Santana: 27/3/1987, *Queiroz, L.P. de* 1494
Maracás: Rod. BA-026, a 6 km a SW de Maracás.
27/4/1978, *Mori, S.A.* et al., 10005
Rio de Contas: Carrapato, Beira Rio da Água Suja-
Acima da barragem. 14/11/1993, *Ganev, W.* 2496

Campomanesia guazumifolia (Cambess.) O.Berg
Bahia
Morro do Chapéu: 5 km ao sul de Morro do Chapéu,
14/2/1996, *Woodgyer. E.* et al., in PCD 2391
Prado: Rod. Ba-284, trecho Prado/Itamaraju, ca. de
65 km a NW de Prado. 18/9/1978, *Mori, S.A.* et al.,
10666

Campomanesia laurifolia Gardner
Bahia
Ilhéus: *Martius, C.F.P. von* s.n.

Campomanesia pubescens (DC.) O.Berg.
Alagoas
Unloc: Inter Rio St. Francisco. *Riedel, L.* 2570

Campomanesia sessiliflora (O.Berg) Mattos
Bahia
Mucugê: Próximo ao Sitio Abóbora. 21/11/1996,
Hind, N. et al., in PCD 4548
Rio de Contas: 10 km N of town of Rio de Contas on
road to Mato Grosso. 19/1/1974, *Harley, R.M.* et al.,
in15293
Rio de Contas: Pico das Almas. Vertente leste. Estrada
Faz.Brumadinho – Faz.Silvina 13/12/1988, *Harley,
R.M.* et al., 27151
Rio de Contas: Serra do Mato Grosso. 3/2/1997,
Stannard, B. et al., in PCD 4990

Campomanesia viatoris Landrum
Alagoas
Unloc: 1838, *Gardner, G.* 1293, ISOTYPE, *Abbevillea
gardneriana* O.Berg.

Campomanesia spp.
Bahia
Unloc: in sabulosis., [Salzmann]
Ilhéus: Área do CEPEC (Centro de Pesquisas do
Cacau), km 22 da Rodovia Ilhéus/Itabuna (BR 415).
17/11/1987, *Hage, J.L.* etal., 2205
Paraíba
Santa Rita: 20 km do centro de João Pessoa, Usina
São João, Tibirizinho 23/2/1989, *Agra, M.F.* et al.,
675

Eugenia alagoensis Gardner
Alagoas
Maceió: 4/1838, *Gardner, G.* 1290, ISOTYPE,
Stenocalyx alagoensis O.Berg.

Eugenia angustissima O.Berg
Bahia
Mucugê: Nova Rodovia Mucugê/Andaraí. Coletas
entre os km 0 e 10. Área do Parque Nacional da
Chapada Diamantina. 19/5/1989, *Mattos Silva, L.A.*
et al., 2790

Eugenia ayacuchae Steyerm.
Bahia
Santa Cruz Cabrália: 3–5 km S. 18/9/1989,
Hatschbach, G. et al., 53481
Santa Luzia: km 20 da Rodovia Santa
Luzia/Canavieiras (BA 270). 16/6/1988, *Mattos
Silva, L.A.* et al., 2454

Eugenia cf. *ayacuchae* Steyerm.
Bahia
Uruçuca: Uruçuca, Distrito de Serra Grande. 7.3 km
na estrada Serra Grande/Itacaré, Fazenda Lagoa do
conjunto Fazenda Santa Cruz. 7/1991, *Carvalho,
A.M.V.* et al., 3540

Eugenia azuruensis O.Berg
Bahia
Unloc: In montibus Serra D'Açuruá prov. Bahiensis.,
Blanchet, J.S. 2787, ISOSYNTYPE, *Eugenia
azuruensis* O.Berg.

Eugenia bahiensis DC.
Bahia
Maraú: 5 km SE of Maraú at junction with new road N to Ponta do Muta. 2/2/1977, *Harley, R.M.* et al., 18480
Maraú: Rod. Ubaitaba/Campinhos, (Ponta do Muta?), km 67. Aprox. 12 km ao Norte do entroncamento para Maraú, Ramal à direita para o Sitio Novo Horizonte 8/6/1987, *Mattos Silva, L.A.* et al., 2196

Eugenia bimarginata DC.
Bahia
Abaíra: Água Limpa, fazenda Catolés de Cima. 17/9/1992, *Ganev, W.* 1107
Caetité: Serra Geral de Caitité c. 5 km. SW. of Caitité along the Brejinhos das Ametistas road. 9/4/1980, *Harley, R.M.* et al., 21120

Eugenia blanchetiana O.Berg
Bahia
Unloc: Serra de Açuruá, Rio Sào Francisco.1838, *Blanchet, J.S.* 2778, ISOSYNTYPE, *Eugenia blanchetiana* O.Berg.

Eugenia brasiliensis Lam.
Bahia
Maraú: Rodovia BR 030, trecho Porto de Caminhos-Maraú, km 11. 26/2/1980, *Carvalho, A.M.V.* et al., 211

Eugenia calycina Cambess.
Bahia
Lençóis: Chapadinha. 27/10/1994, *Carvalho, A.M.V.* et al., in PCD 1065

Eugenia candolleana DC.
Alagoas
Unloc: 4/1838, *Gardner, G.* 1308

Eugenia cauliflora DC.
Bahia
Unloc: in Sabulosis aridis., *Salzmann, P.* , ISOSYNTYPE, *Eugenia cauliflora* O.Berg
Porto Seguro: 2/9/1961, Duarte, A.P. 6113
Porto Seguro: Carrasco da Gloria. 22/6/1962, Duarte, A.P. 6845

Eugenia cerasiflora Miq.
Bahia
Jacobina: Prope oppidum Jacobinae in prov. Bahiensi. 5/1866, *Blanchet, J.S.* 3727, ISOTYPE, *Eugenia cerasiflora* Miq.
Lençóis: Serra do Chapadinha. Próximo ao riacho Mucugêzinho 5/7/1994, *Mayo, S.* et al., in PCD 38
Palmeiras: Serras dos Lençóis. Lower slopes of Morro do Pai Inácio, ca. 14.5 km. NW. of Lençóis just N. of the main Seabra-Itaberaba road. 21/5/1980, *Harley, R.M.* et al., 22231; 23/5/1980, *Harley, R.M.* et al., 22421

Eugenia cymatodes O.Berg
Bahia
Ilhéus: 4/1821, *Riedel, L.* , ISOTYPE, *Eugenia cymatodes* O.Berg.

Eugenia dentata (O.Berg) Nied.
Bahia
Monte Santo: 20/2/1974, *Harley, R.M.* et al., 16431

Eugenia dictyophleba O.Berg
Bahia
Unloc: In montibus Serra D'Açuruá prov. Bahiensis., *Blanchet, J.S.* 2799, ISOSYNTYPE, *Eugenia dictyophleba* O.Berg.

Eugenia duarteana Cambess.
Bahia
Maracás: Ca. 6 km a SW de Maracás 13/10/1983, *Carvalho, A.M.V.* et al., 1983

Eugenia dysenterica DC.
Bahia
Abaíra: Estrada Velha Catolés-Abaíra, Serra do Pastinho. 15/8/1992, *Ganev, W.* 875
Oliveira dos Brejinhos: Córrego Serra Negra. 12/10/1981, *Hatschbach, G.* 44179
Piatã: Estrada Catolés-Abaíra, Tomboro, caminho para roca de Lili. 22/9/1992, *Ganev, W.* 1159
Piatã: Estrada Piatã-Inúbia, próximo ao entroncamento. 8/9/1992, *Ganev, W.* 1038
Piatã: Próximo ao Campo Grande. 28/10/1992, *Ganev, W.* 1387
Rio de Contas: Um pouco for a da cidade, atravessando o rio Brumado, atrás o Largo do Rosário, na trilha para a barragem. 6/9/2003, *Harley, R.M.* et al., in H54655

Eugenia excelsa O.Berg
Bahia
Itajú: Rod. Palmira-Itajú 14/10/1967, Pinheiro, R.S. 283
Prado: Rod. Ba-284, trecho Prado/Itamaraju, ca. de 65 km a NW de Prado. 18/9/1978, *Mori, S.A.* et al., 10645

Eugenia fissurata Mattos
Bahia
Ilhéus: in silvis collibusque siccis prope Ilheos : (Bahia)., *Riedel, L.* , ISOTYPE, *Calycorectes langsdorffii* O.Berg.

Eugenia flavescens DC.
Bahia
Jacobina: prope urbem Jacobina ejusdem prov.1838, *Blanchet, J.S.* 2791, ISOSYNTYPE, *Eugenia flavescens* var. *parvifolia* O.Berg

Eugenia florida DC.
Alagoas
Maceió: 4/1838, *Gardner, G.* 1291, ISOTYPE, *Stenocalyx gardnerianus* O.Berg.
Bahia
Abaíra: Brejo do Engenho 27/12/1992, *Hind, D.J.N.* et al., in H50493
Abaíra: Estrada nova de Abaíra – Catolés 28/12/1991, *Harley, R.M.* et al., in H50495
Ceará
Unloc: Habitat in prov. Cearensi 11/1837, *Gardner,*

G. 1017, ISOTYPE, *Eugenia gardneriana* var.
depauperata O.Berg
Crato: 17/8/1948, *Duarte, A.P.* et al., 1484
Crato: Habitat in prov. Cearensi 9/1838, *Gardner, G.*
1615, ISOTYPE, *Eugenia gardneriana* var. *diues*
O.Berg

Eugenia fluminensis O.Berg
Bahia
Nova Viçosa: 87. 8/12/1984, *Hatschbach, G.* et al.,
48726

Eugenia francavilleana O.Berg
Bahia
Canavieiras: Ramal a 21 km na Rod. Canaveiras/Una
BA-001. Ramal da Fazenda Campo Lúcio 4/6/1981,
Hage, J.L. 890

Eugenia gaudichaudiana O.Berg
Bahia
Itacaré: 65 km NE of Itabuna, at mouth of the Rio de
Contas, N bank opposite Itacaré. 30/1/1977,
Harley, R.M. et al., 18424

Eugenia gemmiflora O.Berg
Piauí
Paranaguá: 9/1839, *Gardner, G.* 2604, ISOTYPE,
Eugenia gemmiflora O.Berg.

Eugenia hirta O.Berg
Bahia
Unloc: Just North of Porto Seguro on the by road to
the Fonte dos Protomártires do Brasil 21/3/1974,
Harley, R.M. et al., 17279
Alcobaça: On the BR 255 highway between Alcobaça
and Prado, 6 km N. of Alcobaça, by the Rio
Itanhentinga. 18/1/1977, *Harley, R.M.* et al., 18055
Ilhéus: Rd form Ilhéus to Serra Grande, 11.3 km N of
the Itaipe bridge leaving Ilhéus. 5/5/1992, *Thomas,
W.W.* et al., 9131

Eugenia ilhensis O.Berg
Bahia
Jacobina: In silvis prope Ilheos oppidum et aliis locis
prov. Bahiensis.1837, *Blanchet, J.S.* 2655,
ISOSYNTYPE, *Eugenia ilhensis* O.Berg.

Eugenia itapemirimensis Cambess.
Bahia
Unloc: 20 km N along road from Una to Ihéus.
23/1/1977, *Harley, R.M.* et al., 18192

Eugenia laxa DC.
Bahia
Rio de Contas: Villan do Rio das Contas, in prov.
Bahiensi., *Martius, C.F.P. von* , ISOTYPE, *Eugenia
laxa* DC.

Eugenia ligustrina (Sw.) DC.
Bahia
Ilhéus: Estrada entre Sururú e Vila Brazil, a 6–14 km
de Sururú. A 12–20 km ao SE de Buerarema
27/10/1979, *Mori, S.A.* et al., 12890

Jacobina: Serra de Jacobina.1937, *Blanchet, J.S.* 2572,
ISOSYNTYPE, *Stenocalyx squamiflorus* O.Berg.
Maracás: Rod. BA-250, 13–25 km a E de Maracás.
18/11/1978, *Mori, S.A.* et al., 11140
Santa Cruz Cabrália: ca. 6–7 km de Santa Cruz
Cabrália, na antiga estrada para a Estação Ecológica
do Pau Brasil 13/12/1991, *Sant'Anna, S.C. de* et
al., 115

Eugenia luschnathiana (O.Berg) Klotzsch ex B.D.Jacks.
Bahia
Ilhéus: 6/1821, *Riedel, L.*

Eugenia macrantha O.Berg
Bahia
Maraú: Maraú, Rodovia BR 030, trecho Porto de
Caminhos-Maraú, km 11. 26/2/1980, *Carvalho,
A.M.V.* et al., 197

Eugenia macrosperma DC.
Bahia
Maracás: Rod. Maracás/Contendas do Sincorá (BA
026), km 2. 14/2/1979, *Mattos Silva, L.A.* et al., 228

Eugenia mandioccensis (O.Berg) Kiaersk.
Bahia
Itacaré: A 3 km ao S de Itacaré 8/12/1979, *Mori, S.A.*
et al., 13073
Itacaré: near the mouth of the Rio de Contas.
28/1/1977, *Harley, R.M.* et al., 18325

Eugenia mansoi O.Berg
Bahia
Abaíra: Caminho Lambedsor-Roçadào. 27/7/1992,
Ganev, W. 742
Abaíra: Caminho Ribeirào de Baixo-Quebradas,
proxima a encosta da Serra do Atalho. 30/7/1992,
Ganev, W. 783
Abaíra: Distrito de Catolés, Bem Querer, próximo ao
Garimpo da Companhia. 4/9/1992, *Ganev, W.* 1023
Abaíra: Distrito de Catolés, Engenho dos Vieiras, ca.
2,5 km de Catolés. 3/9/1992, *Ganev, W.* 1002
Abaíra: Distrito de Catolés, estrada Catolés-Morro da
Boa Vista a 500 m de Catolés. 4/4/1992, *Ganev,
W.* 27
Abaíra: Estrada Catolés-Abaíra, entrada da Tapera.
25/9/1992, *Ganev, W.* 1183
Abaíra: Estrada de Catolés a Ribeirào, 3 km de
Catolés. 12/3/1992, *Stannard, B.* et al., in H51878
Abaíra: Estrada Ouro Verde-Abaíra, c. 3 km de Ouro
Verde. 18/3/1992, *Stannard, B.* et al., in H51990
Abaíra: Guarda Mor, arredores de Catolés. 22/3/1992,
Stannard, B. et al., in H52775
Andaraí: 10 km S of Andaraí on the road to Mucugê.
16/2/1977, *Harley, R.M.* et al., 18724
Caetité: Caminho para Brejinho das Ametistas,
11/02/1997, *Stannard, B.S.* et al., in PCD 5438
Lagoinha: 16 km NW of Lagoinha (which is 5.5 km
SW of Delfino) on side road to Minas do Mimoso.
4/3/1974, *Harley, R.M.* et al., 16719
Morro do Chapéu: Rio Ferro Doido, um pouco
abaixo da cachoeira. 5/3/1997, *Nic Lughadha, E.* et
al., in PCD 6065

Piatà: Jambreiro, próximo a Catolés. 17/10/1992, *Ganev, W.* 1260

Rio de Contas: About 2 km N of the town of Vila do Rio de Contas in flood plain of the Rio Brumado 22/3/1977, *Harley, R.M.* et al., 19833

Rio de Contas: Serra do Rio de Contas. Between 2.5 an 5 km S. of the Vila do Rio de Contas on side road to W. of the road to Livramento, leading to the Rio Brumado. 28/3/1977, *Harley, R.M.* et al., 20089

Rio do Pires: Riacho da Forquilha. 27/7/1993, *Ganev, W.* 1985

Eugenia modesta DC.
Bahia
Barra da Estiva: 16 km. N. of Barra da Estiva on the ParÁguaçu road. 31/01/1974, *Harley, R.M.* et al., 15738

Morro do Chapéu: 16 km along Morro do Chapéu to Utinga road. 1/6/1980, *Harley, R.M.* et al., 22975

Mucugê: Caminho para Guiné 15/2/1997, *Guedes, M.L.* et al., in PCD 5658

Eugenia moschata Nied. ex T.Durand & B.D.Jacks
Bahia
Itacaré: Ca. de 1 km ao Sul de Itacaré. 28/4/1987, *Mattos Silva, L.A.* et al., 2177

Eugenia aff. neoglomerata Sobral
Pernambuco
Unloc: 10/1837, *Gardner, G.* 1018

Eugenia oblongata O.Berg
Bahia
Santa Cruz Cabrália: Estação Ecológica do Pau-brasil, cerca de 16 km a W de Porto Seguro 18/6/1980, *Mattos Silva, L.A.* et al., 909

Santa Cruz Cabrália: Estação Ecológica do Pau-brasil, cerca de 16 km a W de Porto Seguro 23/8/1983, Santos, F.S. 5

Eugenia pauciflora DC.
Bahia
Unloc: Fonte dos Protomártires do Brasil, Porto Seguro. 21/3/1974, *Harley, R.M.* et al., 17221

Eugenia pisiformis Cambess.
Bahia
Unloc: Sellow, F., ISOSYNTYPE, *Eugenia sericea* O.Berg.

Eugenia pistaciifolia DC.
Bahia
Unloc: Serra do Açuruá, 1.5 km S. of São Inácio on Gentio do Ouro road. 24/2/1977, *Harley, R.M.* et al., 19017

Abaíra: Estrada Catolés-Abaíra, ca. 4 km de Catolés, entrada velha do engenho. 13/9/1992, *Ganev, W.* 1420

Abaíra: Estrada Catolés-Abaíra, próximo a casa de João de Ze Candido. 29/10/1992, *Ganev, W.* 1400

Mucugê: Barriguda, 2–3 km Oeste na Rodovia para Palmeiras. 9/4/1992, *Hatschbach, G.* et al., 56898

Piatà: Estrada Piatà-Inúbia, próximo ao entroncamento. 22/12/1992, *Ganev, W.* 1719

Piatà: Gerais de Piatà, na estrada para Inúbia 9/3/1992, *Stannard, B.* et al., in H51813

Uibaí: Serra Azul. 17/3/1996, *Atkinson, R.* et al., in PCD 2487

Xique-Xique: Arredores da cidade Santo Inácio. 17/3/1996, *Conceição, A.A.* et al., in PCD 2521

Eugenia cf. pistaciifolia DC.
Bahia
Mucugê: Caminho para Abaíra. 13/2/1997, *Atkins, S.* et al., in PCD 5574

Eugenia platyphylla O.Berg
Bahia
Unloc: *Martius, C.F.P. von* , ISOSYNTYPE, *Eugenia platyphylla* O.Berg.

Abaíra: Caminho Ribeirão de Baixo-quebradas, proxima a encosta da Serra do Atalho. 30/7/1992, *Ganev, W.* 789

Abaíra: Rodeador. 20/3/1992, *Stannard, B.* et al., T. Silva e W. Ganev. in H52717

Rio do Pires: Riacho da Forquilha 24/7/1993, *Ganev, W.* 1975

Eugenia pluriflora DC.
Alagoas
Marechal Deodoro: APA de Santa Rita, Saco de Pedra. 31/3/1989, *Esteves, G.L.* 2192

Eugenia prasina O.Berg
Bahia
Unloc: Saida de Itiruçu/Maracás 19/5/1969, *Jesus, J.A. de* 384

Eugenia pruniformis Cambess.
Bahia
Itacaré: Fazenda Pontal, 1 km ao N de Itacaré, atravessando o Rio de Contas 21/4/1989, *Mattos Silva, L.A.* et al., 2724

Eugenia psidiiflora O.Berg
Bahia
Unloc: ad ripam fluvii Itahype prope Almada. 9/1822, *Riedel, L.* , ISOSYNTYPE, *Calycorectes riedelianus* O.Berg.

Eugenia punicifolia (Kunth) DC.
Bahia
Unloc: Serra do Açuruá, Rio São Francisco.1838, *Blanchet, J.S.* 2862, ISOSYNTYPE, *Eugenia diantha* var. *ciliata* O.Berg

Abaíra/Piatà: Malhada da Areia. 13/3/1992, *Stannard, B.* et al., in H51906

Abaíra: 10/1/1994, *Ganev, W.* 2771

Abaíra: Água Limpa. 25/6/1992, *Ganev, W.* 597

Abaíra: Arredores de Catolés. 22/11/1991, *Souza, V.C.* et al., in H50263

Abaíra: Base da encosta da Serra da Tromba. 2/2/1992, *Pirani, J.R.* et al., in H51437

Abaíra: Brejo do Engenho. 27/12/1992, *Hind, D.J.N.* et al., in H50462

Abaíra: Caminho Boa Vista-Riacho Fundo pelo Toucinho. 27/1/1994, *Ganev, W.* 2886

Abaíra: Caminho Marques-Boa Vista estrada abandonada da furna. 27/4/1994, *Ganev, W.* 3154

Abaíra: Campo de Ouro Fino (baixo). 10/1/1992, *Harley, R.M.* et al., in H50706

Abaíra: Carrasco de campo rupestre, com solo argilo-arenoso. 27/4/1994, *Ganev, W.* 3153

Abaíra: Carrasco de campo rupestre. 12/4/1992, *Ganev, W.* 112

Abaíra: Carrasco, com solo arenoso. 12/1/1994, *Ganev, W.* 2810

Abaíra: Catolés de Cima-Bem Querer. 5/1/1993, *Ganev, W.* 1789

Abaíra: Descida do Campo de Ouro Fino. 13/2/1992, *Queiroz, L.P. de* et al., W. Ganev. in H51544

Abaíra: Distrito de Catolés: encosta da serra do Atalho, em frente as Quebradas. 12/4/1992, *Ganev, W.* 111

Abaíra: Distrito de Catolés: Estrada Catolés-Morro da Boa Vista a 2 km de Catolés. 4/4/1992, *Ganev, W.* 32

Abaíra: Distrito de Catolés: estrada Catolés-Ribeirão Mendonça de Daniel Abreu, a 3 km de Catolés. 2/4/1992, *Ganev, W.* 9

Abaíra: Distrito de Catolés: Serra do Porco Gordo-Gerais do Tijuco. 24/4/1992, *Ganev, W.* 178

Abaíra: Engenho dos Vieiras, beira do Rio do Calado. 16/3/1992, *Stannard, B.* et al., in H51964

Abaíra: Estrada Abaíra-Piatã, radiador acima do garimpo velho. 25/6/1992, *Ganev, W.* 554; 558

Abaíra: Estrada abandanoda Catolés-Arapiranga, próximo a casa de Osmar Campos, entre Riacho Fundo-Riacho Piçarrão. 13/5/1994, *Ganev, W.* 3254

Abaíra: Estrada Catolés-Inúbia, Serra da Barra na direção Oeste do Local chamado Salão. 28/7/1992, *Ganev, W.* 777

Abaíra: Estrada nova Abaíra-Catolés. 19/12/1991, *Harley, R.M.* et al., in H50107

Abaíra: Estrada Piatã-Abaíra. Gerais do pastinho. 20/7/1992, *Ganev, W.* 685

Abaíra: Garimpo do Engenho. 21/2/1994, *Ganev, W.* 3027

Abaíra: Garimpo do Engenho. 4/7/1994, *Ganev, W.* 3459

Abaíra: Gerais do Pastinho. 28/2/1992, *Stannard, B.* et al., in H51664

Abaíra: Guarda Mor, arredores de Catolés. 22/3/1992, *Stannard, B.* et al., in H52776

Abaíra: Jambreiro. 17/6/1994, *Ganev, W.* 3396; 31/1/1994, *Ganev, W.* 2905

Abaíra: Mendonça de Daniel Abreu. 25/2/1992, *Stannard, B.* et al., in H51594

Abaíra: Serra da Serrinha, caminho Capão-Serrinha-Bicota. 26/4/1994, *Ganev, W.* 3140

Abaíra: Serrinha. 18/11/1992, *Ganev, W.* 1497

Abaíra: Vassouras, caminho para Tapera. 22/4/1994, *Ganev, W.* 3091

Barra da Estiva: Ca. 14 km N of Barra da Estiva, near the Ibicoara road. 2/2/1974, *Harley, R.M.* et al., 15836

Barreiras: Cerrado, 7 km S of Rio Piau, ca. 150 km SW of Barreiras. 13/4/1966, *Irwin, H.S.* et al., 14695

Barreiras: Estrada para Ibotirama, BR 242. Coletas no km 21 a partir da sede do Municipio 13/6/1992, *Amorim, A.M.* et al., 581

Barreiras: km 87 da Rodovia Barreiras/Ibotirama. 10/2/1991, Pereira, B.A.S. et al1572

Belmonte: km 20 a 21 da Rodovia Belmonte/Itapebi. 26/7/1988, *Santos, T.S. dos* 4390

Caetité: 6 km S de Caetité camino a Brejinho das Ametistas. 20/11/1992, *Arbo, M.M.* et al., 5625

Caetité: Fazenda Cajazeiras. 10/4/1980, *Harley, R.M.* et al., 21173

Caetité: Serra Geral de Caetité, 1,5 km S of Brejinhos das Ametistas. 11/4/1980, *Harley, R.M.* et al., 21234

Caetité: Serra Geral de Caetité. 9.5 km s of Caetité on road to Brejinhos das Ametistas. 13/4/1980, *Harley, R.M.* et al., 21329

Cairu: Ilha de Tinharé. Fazenda dos Pilões. 20/11/1985, *Mattos Silva, L.A.* et al., 1921

Campo Formoso: Água Preta – estrada Alagoinhas-Minas do Mimoso, km 15. 26/6/1983, *Coradin, L.* et al., 6092; 6103

Caravelas: Ca. 17 km na estrada de Caravelas para Nunuque 6/9/1989, *Carvalho, A.M.V.* et al., 2511

Catolés: Gerais da Serra da Tromba, encosta da Serra do Atalho. 18/6/1992, *Ganev, W.* 526

Cicero Dantas: 5/6/1981, Orlandi, R.P. 429

Correntina: Fazenda Jatoba. 20/9/1991, *Machado, J.W.B.* et al., 324

Delfino: Serra do Curral Frio, Estrada Velha Delfino-Mimoso de Minas, 32 km de Delfino. 9/3/1997, *Nic Lughadha, E.* et al., in PCD 6172

Feira de Santana: Campus da UEFS 25/5/1987, *Queiroz, L.P. de* 1513

Ibotirama: Rodovia (BR 242) Ibotirama-Barreiras, km 86. 7/7/1983, *Coradin, L.* et al., 6629

Jacobina: 2 km a W da cidade, na estrada para Feira de Santana. 3/4/1986, *Carvalho, A.M.V.* et al., 2380

Jacobina: Serra da Jacobina. Morro do Cruzeiro. 23/12/1984, *Mello-Silva, R.* et al., in CFCR7532

Lagoinha: 16 km NW of Lagoinha (which is 5,5 km SW of Delfino) on side road to Minas do Mimoso. 4/3/1974, *Harley, R.M.* et al., 16720

Lagoinha: 8 km NW of Lagoinha (5,5 km SW of Delfino) on the road to Minas do Mimoso. 5/3/1974, *Harley, R.M.* et al., 16797

Lençóis: Chapadinha. 23/2/1995, *Melo, E* et al., in PCD 1710

Lençóis: Serra da Chapadinha, ao longo do Córrego da Chapadinha. 6/2/1995, *Guedes, M.L.* et al., in PCD 1585

Livramento do Brumado: Subida para Rio de Contas. 6/4/1992, *Hatschbach, G.* et al., 56671

Morro do Chapéu: Rio Ferro Doido, um pouco abaixo da cachoeira. 5/3/1997, *Gasson, P.* et al., in PCD 6058

Morro do Chapéu: Rio Ferro Doido, um pouco abaixo da cachoeira. 5/3/1997, *Nic Lughadha, E.* et al., in PCD 6060

Mucugê: A 3 km ao S de Mucuje, na estrada que vai para Jussiape. 22/12/1979, *Mori, S.A.* et al., 13154

Mucugê: Caminho para Guiné. 15/2/1997, *Stannard, B.* et al., in PCD 5675

Mucugê: Caminho para Licínio de Abaíra 13/2/1997, *Saar, E.* et al., in PCD 5598

Mucugê: Serra do Sincorá. 6,5 km SW of Mucugê on the Cascavel road. 27/3/1980, *Harley, R.M.* et al., 21034

Nova Viçosa: Rio Pau Preto, 5 km O. 9/4/1984, *Hatschbach, G.* 47765

Piatã: Entroncamento da estrada Piatã-Cabrália, com estrada de Inúbia. 12/7/1994, *Ganev, W.* 3512; 3516

Piatã: Malhada da Areia de Baixo, Campo Grande. 16/10/1992, *Ganev, W.* 1240

Piatã: Serra da Tromba, próximo a ponte caida do Rio de Contas. 27/8/1992, *Ganev, W.* 972

Rio de Contas: a 1 km da cidade na entrada para Marcelino Moura 9/9/1981, *Pirani, J.R.* et al., in CFCR2171

Rio de Contas: Between 2,5 and 5 km S of the Villa do Rio de Contas on side road to W of the road to Livramento, leading to the Rio Brumado. 28/3/1977, *Harley, R.M.* et al., 20094

Rio de Contas: Ca. 1 km S of Rio de Contas on side road to W of the road to Livramento do Brumado. 15/1/1974, *Harley, R.M.* et al., 15066

Rio de Contas: Caminho para a Cachoeira do Fraga. 1/2/1997, *Passos, L.* et al., in PCD 4797

Rio de Contas: Campos da Pedra Furada, próximo ao Rio da Água Suja. 7/8/1993, *Ganev, W.* 2023; 2025

Rio de Contas: Fazenda Fiuza 4/2/1997, *Harley, R.M.* et al., in PCD 5076

Rio de Contas: Fazenda Fiuza. 4/2/1996, *Passos, L.* et al., in PCD 3043

Rio de Contas: Gerais do Porco Gordo. 16/7/1993, *Ganev, W.* 1859; 1865

Rio de Contas: Subida para Campo de Aviação. 6/4/1992, *Hatschbach, G.* et al., 56737

Rio do Pires: Campo das Almas. 24/7/1993, *Ganev, W.* 1937

Rio do Pires: Garimpo das Almas (Cristal). 24/7/1993, *Ganev, W.* 1970

Ceará

Crato: 1839, *Gardner, G.* 1612, ISOTYPE, *Eugenia ciarensis* O.Berg

Crato: 1839, *Gardner, G.* 1617, ISOTYPE, *Eugenia flava* O.Berg

Paraíba

Areia: Escola de Agronomia do Nordeste.1955, Morais, J.M. 393

Eugenia pyriflora O.Berg
Bahia

Unloc: Sellow, F. 322, ISOTYPE, *Eugenia pyriflora* var. *minor* O.Berg.

Eugenia rostrata O.Berg
Bahia

Ilhéus: Estrada entre Sururu e Vila Brasil, a 6–14 km de Sururu, a 12 km de Buerarema. 27/11/1979, *Mori, S.A.* et al., 12869

Ilhéus: Estrada entre Sururú e Vila Brazil, a 6–14 km de Sururú. A 12–20 km ao SE de Buerarema 10/11/1979, *Mori, S.A.* et al., 12996

Lençóis: Serra da Chapandinha 8/7/1996, *Bautista, H.P.* et al., in PCD 3482

Santa Cruz Cabrália: Arredores da Estação Ecológica

do Pau Brasil (ca. 17 km a W de Porto Seguro), estrada velha de Santa Cruz Cabrália, 4–6 km a E da sede da estação. 19/10/1978, *Mori, S.A.* et al., 10859

Santa Cruz Cabrália: Estrada velha para Sta. Cruz, entre a Estação Ecológica Pau Brazil e Sta. Cruz Cabrália, 15 km a NW de Porto Seguro 17/5/1979, *Mori, S.A.* et al., 11877

Eugenia splendens O.Berg
Bahia

Abaíra: Caminho Jambreiro – Belo Horizonte. 16/12/1992, *Ganev, W.* 1663

Abaíra: Caminho Jambreiro-Belo Horizonte. 5/5/1994, *Ganev, W.* 3212

Abaíra: Campo da Pedra Grande 19/2/1992, *Stannard, B.* et al., in H52124

Abaíra: Estrada Catolés-Barra 20/2/1992, *Harley, R.M.* et al., in H51553

Abaíra: Jambreiro, 1 km a Oeste de Catolés 3/3/1992, *Stannard, B.* et al., in H51732; H51733

Abaíra: Salão, 9 km de Catolés na estrada para Inúbia 28/12/1991, *Harley, R.M.* et al., in H50536

Andaraí: Nova Rodovia Andaraí/Mucugê, a 3 km ao S de Andaraí. 21/12/1979, *Mori, S.A.* et al., 13102

Andaraí: Velha estrada entre Andaraí e Mucugê via Igatu, a 2 km ao S de Igatu. 23/12/1979, *Mori, S.A.* et al., 13200

Mucugê: Caminho para Abaíra 13/2/1997, *Passos, L.* et al., in PCD 5546

Mucugê: Estrada Mucugê-Barra da Estiva, 1 km para Mucugê. 17/2/1997, *Passos, L.* et al., in PCD 5844

Rio de Contas: Pé da Serra Marsalina. 18/11/1996, *Harley, R.M.* et al., in PCD 4428

Rio de Contas: Serra do Tombador. 19/11/1996, *Roque, N.* et al., in PCD 4508

Eugenia aff. *splendens* O.Berg
Bahia

Rio de Contas: Palmeiras, próximo a Cachoeira da Michilana. 27/12/1993, *Ganev, W.* 2711

Eugenia stictopetala DC.
Bahia

Unloc: Chapadão Occidental da Bahia. Ca. 15 km SW of Correntina on the road to Goias. 25/4/1980, *Harley, R.M.* et al., 21730

Santa Maria da Vitória: ca. 7.7 km S de Santa Maria da Vitória na estrada para Lagoinha. Extremidade setentrional da Serra do Ramalho 13/2/2000, *Queiroz, L.P. de* et al., 5956

Eugenia stictopetala DC.
Piauí

Santo Antonio: 1839, *Gardner, G.* 2169, ISOTYPE, *Eugenia piauhiensis* O.Berg.

Eugenia suberosa Camb.
Bahia

Barreiras: Estrada para o Aeroporto de Barreiras. Coletas sntre 5 a 15 km a partir da sede do município 11/6/1992, *Carvalho, A.M.V.* et al., 4057

Eugenia subterminalis DC.
Bahia
   Santa Cruz Cabrália: Estaçào Ecológica do Pau –
      Brasil e arredores, cerca de 16 km a W de Porto
      Seguro. 22/3/1978, *Mori, S.A.* et al., 9839

Eugenia supraaxillaris Spring
Bahia
   Banco Central: Faz. S. José, Municipio de Ilhéus
      19/4/1971, *Pinheiro, R.S.* 1193

Eugenia ternatifolia Cambess.
Bahia
   Maracás: Gameleiras. 21/11/1985, *Hatschbach, G.* et
      al., 50061
   Maracás: Rod. BA-026, a 6 km a SW de Maracás.
      17/11/1978, *Mori, S.A.* et al., 11090
   Maracás: Rod. BA-250, 13–25 km a E de Maracás.
      18/11/1978, *Mori, S.A.* et al., 11145
   Piatà: Entroncamento da estrada Piatà-Cabrália, com
      estrada de Inúbia. 12/7/1994, *Ganev, W.* 3513

Eugenia cf. ternatifolia Cambess.
Bahia
   Abaíra: Caminho Engenho-Marques, a beira do Córrego
      do Outeiro. 26/9/1992, *Ganev, W.* 1198; 1199
   Abaíra: Estrada Catolés-Abaíra, próximo a casa de
      João de Zé Candido. 29/10/1992, *Ganev, W.* 1398
   Abaíra: Estrada Catolés-Ribeirão, próximo ao
      escorregador, beira do Ricaho da Cruz. 10/9/1992,
      Ganev, W. 1063
   Piatà: Estrada Piatà-Inúbia, próximo ao entroncamento.
      8/9/1992, *Ganev, W.* 1046; 1047
   Rio de Contas: Ladeira do Toucinho. Caminho
      Catolés-Arapiranga. 30/8/1993, *Ganev, W.* 2175

Eugenia umbelliflora O.Berg
Bahia
   Unloc: in collibus., *Salzmann, P.* , ISOTYPE, *Eugenia
      cassinoides* O.Berg.
   Castro Alves: Topo da Serra da Jiboia, em torno da
      torre de televiSào. 12/3/1993, *Queiroz, L.P. de* et
      al., 3094
   Itacaré: Near the mouth of the Rio de Contas.
      31/3/1974, *Harley, R.M.* et al., 17546
   Maraú: Coastal Zone. About 11 km North from
      turning to Maraú, along the Campinho road.
      17/5/1980, *Harley, R.M.* et al., 22203
   Palmeiras: Pai Inácio. 25/10/1994, *Carvalho, A.M.V.*
      et al., in PCD 970
   Palmeiras: Pai Inácio. Trilha para o morro de Pai
      Inácio, na encosta 24/4/1995, *Pereira, A.* et al., in
      PCD 1742
   Prado: Estrada Prado/Cumuruxatiba, margeando o
      litoral. Ramal com entrada a 7 km ao N de Prado,
      lado esquerdo 30/3/1989, *Mattos Silva, L.A.* et al.,
      2664
   Rio de Contas: About 3 km N of the town of Rio de
      Contas, cut-over woodland by river. 21/1/1974,
      Harley, R.M. et al., 15359
   Santa Cruz Cabrália: Estrada que liga S.C. de Cabrália
      ao povoado de Santo Andre. Numa extenSào de
      approx. 3 km. 17/6/1980, *Mattos Silva, L.A.* et al., 877

Eugenia uniflora L.
Bahia
   Abaíra: Catolés de Cima, rumo a Catolés. 29/2/1992,
      Stannard, B. et al., in H51682
   Ilhéus: 8/1821, *Riedel, L.* 235
   Valente: Santa Bárbara, ca 18 km N da cidade, na Br
      116. 29/12/1992, *Queiroz, L.P. de* et al., 3024

Eugenia vetula DC.
Bahia
   Abaíra: Caminho Marques-Boa Vista, estrada
      abandonada da furna. 27/4/1994, *Ganev, W.* 3151
   Abaíra: Campo da Pedra Grande. 25/3/1992, *Nic
      Lughadha, E.* et al., H53343
   Abaíra: Carrasco com solo arenoso. 24/10/1992,
      Ganev, W. 1342
   Abaíra: Catolés de Cima, Campo Grande. 22/4/1992,
      Ganev, W. 547
   Abaíra: Estrada Catolés-Inúbia, Samambaia 9/7/1994,
      Ganev, W. 3469
   Abaíra: Estrada Catolés-Inúbia, Serra em frente a
      Samambaia, ca. 6 km de catoles. 28/7/1992, *Ganev,
      W.* 756
   Abaíra: Estrada Velha Catolés-Abaíra, Serra do
      Pastinho. 15/8/1992, *Ganev, W.* 867
   Abaíra: Gerais do Pastinho. 4/6/1992, *Ganev, W.* 412
   Abaíra: Salão da Barra – Campos Gerais do Salão.
      16/7/1994, *Ganev, W.* 3556
   Catolés: Catolés de Cima, Campo Grande. 22/4/1992,
      Ganev, W. 545
   Piatà: Entroncamento da estrada Piatà-Cabrália, com
      estrada de Inúbia. 12/7/1994, *Ganev, W.* 3517
   Rio de Contas: Poço do Ciência Beira Rio do Água
      Suja. 8/8/1993, *Ganev, W.* 2049
   Vitória da Conquista: Rod. BA-265, trecho Vitória da
      Conquista/Barra do Choça, a 9 km leste da
      primeira. 4/3/1978, *Mori, S.A.* 9444

Eugenia cf. vetula DC.
Bahia
   Barra da Estiva: Estrada Barra da Estiva-Mucuje, km
      79. 4/7/1983, *Coradin, L.* et al., 6459

Eugenia zuccarinii O.Berg
Bahia
   Lençóis: Chapadinha. 25/4/1995, *Ferreira, M.C.* et al.,
      in PCD 1810
   Palmeiras: Chapadinha, cercado, margem do corrégo
      de égua doce, próximo da Fazenda Helena
      28/4/1995, *Pereira, A.* et al., in PCD 1901

Eugenia spp.
Bahia
   Unloc: Serra do Açuruá.1838, *Gardner, G.* 2815; 2919
   Abaíra: Brejo do Engenho. 30/12/1991, *Nic
      Lughadha, E.* et al., in H50566
   Abaíra: Distrito de Catolés. 19/4/1998, *Queiroz, L.P.
      de* et al., 5020
   Abaíra: Jaqueira, Beira do Rio da Água Suja.
      12/5/1994, *Ganev, W.* 3236
   Abaíra: Riacho da Cruz 3/3/1992, H51720
   Barreiras: Cerrado, Rio Roda Velha, ca. 150 km SWof
      Barreiras. 15/4/1966, *Irwin, H.S.* et al., 14928

Barreiras: Espigao Mestre, ca. 100 km WSW of
Barreiras. 6/3/1972, *Anderson, W.R.* et al., 36651
Correntina: Cerrado entre Velha da Galinha e
Correntina. 18/10/1989, *Mendonça, R.C.* et al., 1580
Gentio do Ouro: Alredores de Santo Inácio y hasta 9
km al N, camino a Xique-Xique, Serra do Açuruá.
27/11/1992, *Arbo, M.M.* et al., 5338
Maracás: Ca. 1 km NE de Maracás, na Lajinha, ao
lado do Cruzeiro. 2/7/1993, *Queiroz, L.P. de* et al.,
3297
Mucugê: Entre Joào Correia e Mucugê, a 55 km ao
SW de Mucugê. 4/3/1980, *Mori, S.A.* et al., 13396
Palmeiras: Serra da Chapadinha, ao longo do
córrego. 6/2/1995, *Giulietti, A.M.* et al., in PCD
1628
Queimadas: 17/11/1986, *Webster, G.L.* et al., 25698
Rio de Contas: Carrapato, Beira Rio da Água Suja-
Acima da barragem. 14/11/1993, *Ganev, W.* 2490
Rio de Contas: Riacho da Pedra de Amolar.
24/1/1994, *Ganev, W.* 2870
Senhor do Bonfim: Serra de Santana. 26/12/1984,
Mello-Silva, R. et al., in CFCR7607
Paraíba
Santa Rita: Estrada para Joào Pessoa. 9/1/1981,
Fevereiro, V.P.B. et al., inM511
Piauí
Oeiras: 7/1839, *Gardner, G.* 2600
Padre Marcos: Jerra Velha – km 2 da vicinal para
Alagoinha do Raui 20/5/1995, Alencar, M.E. 248
Paranaguá: 8/1839, *Gardner, G.* 2612

Gomidesia cerqueiria Nied. unplaced name
Bahia
Unloc: Sellow, F., ISOTYPE, *Cerqueiria sellowiana*
O.Berg
Itamaraju: 20 km da cidade. 17/6/2005, *Stapf, M.N.S.*
et al., 442

Marlierea aff. *tomentosa* Cambess.
Bahia
Itacaré: Rodovia Itacaré – Ubaituba. 28/4/1987,
Mattos Silva, L.A. et al., 2185

Marlierea angustifolia (O.Berg) Mattos
Bahia
Mucugê: Serra de Sào Pedro. 17/12/1984, *Lewis, G.P.*
et al., in CFCR7074
Rio de Contas: Pico das Almas. Vertente leste. Vale
acima da Faz.Silvina 29/11/1988, *Harley, R.M.* et
al., 26668

Marlierea cf. *angustifolia* (O.Berg) Mattos
Bahia
Lençóis: Serra Larga (=Serra Larguinha) a oeste de
Lençóis, perto de Caete-Acu. 19/12/1984, *Mello-
Silva, R.* et al., in CFCR7237

Marlierea clausseniana (O.Berg) Kiaersk
Bahia
Una: km 17 da estrada que liga a Rod. BR-101 (São
José) a Rod. BA-215. 29/10/1978, *Mori, S.A.* et al.,
Una: Rod. BA-265, a 23 km de Una. 26/2/1978, *Mori,
S.A.* et al., 9306

Marlierea excoriata Mart.
Bahia
Valença: Estrada Valença/Guaibim, km. 10 ap
8/1/1982, *Carvalho, A.M.V. de* 1128

Marlierea cf. *excoriata* Mart.
Bahia
Unloc: Parque Nacional de Monte Pascoal. On NW
side of Monte Pascoal, low altitude. 11/1/1977,
Harley, R.M. 17844
Sergipe
Itaporanga de Ajuda: Fazenda Caju (EMBRAPA).
16/2/2000, *Landim, M.F.* et al., 1468

Marlierea glabra Cambess.
Bahia
Camamu: Rod. Travessão/Cammau, km 5. 15/6/1979,
Mattos Silva, L.A. et al., 492
Ilhéus: Fazenda Barra do Manguiho. 16/4/1984,
Mattos Silva, L.A. et al., 2028

Marlierea grandifolia O.Berg
Bahia
Camamu: Rod. BA650/Camamu/Travessào, Faz.
Zumbi dos Palmares. Cahoeira de Crespe.
12/11/2004, *Paixào, J.L. da* et al., 292
Ilhéus: Fazenda Santa Luzia, km 22 da Rod.
Ilhéus/Itabuna. 30/8/1986, *Hage, J.L.* et al., 2144
Itabuna: Itacaré 15/10/1968, Almeida, J. 148

Marlierea laevigata (DC.) Kiaersk.
Bahia
Abaíra: Água Limpa, fazenda Catolés de Cima
17/9/1992, *Ganev, W.* 1119
Abaíra: Bem Querer, próximo ao Garimpo da
Companhia. 4/9/1992, *Ganev, W.* 1020
Abaíra: Caminho Capão de Levi-Serrinha 25/10/1993,
Ganev, W. 2631
Abaíra: Caminho Engenho-Tromba, próximo a casa
de Niquinha. 12/9/1992, *Ganev, W.* 1077
Abaíra: Caminho para Cachoeira das Anaguinhas,
próximo a Cachoeira 10/10/1992, *Ganev, W.* 1209
Abaíra: Catolés de Cima, Brejo de Altino. 25/10/1993,
Ganev, W. 2380
Abaíra: Catolés de Cima, encosta da Serra do
Barbado 17/11/1993, *Ganev, W.* 2503
Abaíra: Catolés de Cima. 25/12/1992, *Harley, R.M.* et
al., in H50379
Abaíra: Catolés de Cima: Beira do Córrego do Bem
Querer. 24/11/1992, *Ganev, W.* 1566
Abaíra: Guarda-Mor, caminho Guarda-Mor-Serrinha-
Catolés. 6/11/1993, *Ganev, W.* 2420
Abaíra: Jambeiro, próximo a Catolés. 10/9/1993,
Ganev, W. 2204
Abaíra: Jambreiro, caminho Jambreiro-Belo
Horizonte. 22/11/1993, *Ganev, W.* 2548
Abaíra: Riacho da Cruz-Catolés, acima da fonte do
meio. 25/10/1993, *Ganev, W.* 2359
Água Quente: Pico das Almas.Vertente oeste.Entre
Paramirim das Crioulas e a face NNW do pico
17/12/1988, *Harley, R.M.* et al., 27558; 27589
Piatã: Catolés de Cima, próximo Rio do Bem Querer,
caminho para casa do Sr. Altino 29/8/1992, *Ganev,
W.* 987

Piatã: Jambreiro próximo a Catolés. 17/10/1992, *Ganev, W.* 1265

Rio de Contas: 9–11 km ao N de Rio de Grande. 20/7/1979, *Mori, S.A.* 12333

Rio de Contas: Barro branco, próximo a Ouro Fino 28/9/1993, *Ganev, W.* 2260

Rio de Contas: Campos da Pedra Furada, próximo ao Rio da Água Suja. 7/8/1993, *Ganev, W.* 2030

Rio de Contas: Pico das Almas. Vertente leste. Campo do Queiroz 3/11/1988, *Harley, R.M.* et al., 25890

Rio de Contas: Rio da Água Suja, caminho Jaqueiro – passagem de Arapiranga. 28/8/1993, *Ganev, W.* 2150

Rio de Contas: Samambaia. 23/8/1993, *Ganev, W.* 2094

Rio de Contas: Serra do Mato Grosso. 3/2/1997, *Stannard, B.* et al., in PCD 4988

Marlierea aff. *lituatinervia* (O.Berg) McVaugh
Bahia

Abaíra: Boa Vista, Garimpo Novo 21/3/1992, *Stannard, B.* et al., in H52767

Abaíra: Caminho Boa Vista-Bicota. 25/7/1992, *Ganev, W.* 736

Abaíra: Catolés de Cima, início da subida do Barbado, caminho Catolés de Cima-Contagem. 24/4/1994, *Ganev, W.* 3112

Catolés: Salao: Estrada Catolés-Barra. 16/6/1992, *Ganev, W.* 510

Rio de Contas: Serrinha, Caminho Samambaia-Serrinha. 23/8/1993, *Ganev, W.* 2087

Marlierea montana (Aubl.) Amsh.
Bahia

Camacan: Rodovia Camacan-Canavieiras, 30 km W de Canavieira. 11/4/1965, *Belém, R.P.* et al., 763

Marlierea neuwiedeana (O.Berg) Nied.
Bahia

Alcobaça: Rodovia BR 255, ca. 6 km a NW de Alcobaça. 17/9/1978, *Mori, S.A.* et al., 10621

Mucurí: 4 km a W de Mucuri. 13/9/1978, *Mori, S.A.* et al., 10457

Mucurí: Área de Restinga com algumas manchas de campos, a 7 km a NW de Mucurí. 14/9/1978, *Mori, S.A.* et al., 10475

Marlierea obscura O.Berg
Bahia

Palmeiras: Pai Inácio-Sul. Pai Inácio, mata de encosta. 30/12/1994, *Guedes, M.L.* et al., in PCD 1503

Marlierea obversa D.Legrand
Bahia

Itacaré: 4 km do loteamento da Marambaia. 20/11/1991, *Amorim, A.M.* et al., 449

Itanagra: Road from Itanagra to Subauma, 8 km W of Itanagra. 27/5/1981, *Mori, S.A.* et al., 14129

Porto Seguro: 3 km ao Sul, no ramal para os Povoados de N.S.D'Ajuda e Trancoso. 25/8/1988, *Mattos Silva, L.A.* et al., 2513

Marlierea parvifolia O.Berg
Bahia

Unloc: *Blanchet, J.S.* 2919, ISOSYNTYPE, *Marlieria parvifolia* O.Berg.

Marlierea racemosa (Vell.) Kiaersk.
Bahia

Ilhéus: Road from Olivença to Maruim, 6.1 km W of Olivença. 1/5/1992, *Thomas, W.W.* et al., 9040

Marlierea cf. *racemosa* (Vell.) Kiaersk.
Bahia

Ilhéus: km 6 da Rod. Olivença/Povoadp de Vile Brasil, rumo Sul. Mata. 7/11/1980, *Mattos Silva, L.A.* et al., 1234

Marlierea regeliana O.Berg
Bahia

Ilhéus: Área do CEPEC. 4/2/1987, Hage, J.L. 2230

Marlierea silvatica (O.Berg) Kiaersk.
Bahia

Itacaré: Ramal da barragem. 17/10/1968, *Almeida, J.* et al., 173

Marlierea strigipes O.Berg
Bahia

Ilhéus: in prov. Bahia prope Ilheos., *Martius, C.F.P. von* , ISOSYNTYPE, *Myrcia strigipes* Mart.

Marlierea sucrei G.M.Barroso & Peixoto
Bahia

Santa Cruz Cabrália: Antiga Rodovia que liga a Estação Ecológica de Pau-Brasil a Santa Cruz Cabrália, a 3 km ao NE da Estação. Ca. 12 km ao NW de Porto Seguro. 27/11/1979, *Mori, S.A.* et al., 13030

Una: Estrada que liga a Rod. Br 101 (São José) com Ba 265, a 17 km da entrada. 6/4/1978, *Mori, S.A.* et al., 9846

Una: km 17 da estrada que liga a Rod. BR 101 (São José) a Rod. BA-215. 14/4/1979, *Mori, S.A.* et al., 11723

Marlierea tomentosa Cambess.
Bahia

Camacan: Rodovia Camacan-Canavieiras, 3–30 km W de Canavieira. 28/7/1965, *Belém, R.P.* et al., 1395

Ibicarai: 3 km W da cidade, Itabuna-Vitória Conquista 16/2/1988, *Pirani, J.R.* et al., 2336

Ilhéus: Área do Cepec 24/11/1987, *Hage, J.L.* et al., 2222

Ilhéus: Área do Cepec, quadra D. Plantação de cacau. 5/12/1978, *Santos, T.S. dos* 3404

Marlierea verticillaris O.Berg
Bahia

Unloc: Castelo 11/1829, *Riedel, L.* 534, ISOTYPE, *Marlierea verticillaris* O.Berg

Ilhéus: Moricand 2334

Marlierea spp.
Bahia

Cairu: Ilha de Tinharé. Fazenda dos Piloes. 20/11/1985, *Mattos Silva, L.A.* et al., 911

Camaçari: Via Parafuso, no beira da estrada entre os km 12 e 13 12/5/2007, *Ibrahim, M.* et al., 27

Camamu: Rod. BA650/Camamu/TravesSão, Faz. Zumbi dos Palmares. Cahoeira de Crespe. 12/11/2004, *Paixão, J.L.* da et al 282; 283

Conde: Estrada Barra do Itariri – conde km 3. 23/9/1996, *Silva, G.P. da* et al., 3670

Ilhéus: *Blanchet, J.S.* 2325

Ilhéus: Faz. Guanabara, junto a fazenda Barra do Manguinho. km 10 Ilhéus-Olivença 7/3/1985, *Mattos Silva, L.A.* et al., 1851;1866

Itacaré: Estrada Itacaré-Taboquinha, Marambaia. 20/11/1991, *Amorim, A.M.* et al., 399

Itacaré: Estrada que liga a torre da Embratel com a estrada Br-101/Itacaré, a 5,8 km da entrada. Cerca 25 km a SE de Ubaitaba. 21/10/1979, *Mori, S.A.* et al., 12857

Itacaré: Fazenda do Boa Paz, trilha do Boa Paz 5/12/2006, *Lucas, E.J.* et al., 1040

Itacaré: Ramal a esquerda na estrada Ubaitaba/Itacaré, a 4 km do loteamento da Marambaia 20/11/1991, *Amorim, A.M.* et al., 453

Jacobina: Cachoeira de Itaitu. 30/3/1996, *Harley, R.M.* et al., in PCD2655

Morro do Chapéu: Cachoeira da Ferro Doido 19/9/1986, *Queiroz, L.P. de* 1293

Salvador: 35 km NE of the city of Salvador, 3 km NE of Itapoà, dunes on white sand. 2/9/1978, Morawetz, W. 152978

Santa Cruz Cabrália: Arredores da Estação Ecológica do Pau-Brasil (Ca. 17 km a W de Porto Seguro), estrada velha de Santa Cruz Cabrália, 4–6 km a E da sede da Estação. 19/10/1978, *Mori, S.A.* et al., 10837

Uruçuca: 7.3 km N of Serra Grande on rd to Itacaré. 7/5/1992, *Thomas, W.W.* et al., 9180; 9201

Pernambuco

Unloc: 1838, *Gardner, G.* 2838

Sergipe

Indiaroba: Borda de estrada para o Pontal. 16/3/2000, *Landim, M.F.* 1476

Santa Luzia do Itanhi: Mata do Crasto. 23/2/2000, *Landim, M.F.* 1471

Mitranthes gardneriana O.Berg unplaced name

Alagoas

Piaçabuçu: Near Penedo of the Rio SãoFrancisco. 3/1838, *Gardner, G.* 1311, ISOTYPE, *Mitranthes gardneriana* O.Berg.

Myrceugenia alpigena (DC.) Landrum

Bahia

Piatà: Encosta da Serra do Barbado, apos Catolés de Cima. 6/9/1996, *Harley, R.M.* et al., 28322

Myrcia aff. almasensis Nic Lugh.

Bahia

Abaíra: Barra. 12/1/1992, *Harley, R.M.* et al., in H50758

Abaíra: Caminho Bicota-Serrinha. 18/11/1992, *Ganev, W.* 1489

Abaíra: Caminho Jambreiro – Belo Horizonte. 16/12/1992, *Ganev, W.* 1665

Abaíra: Caminho Jambreiro-Belo Horizonte. 14/7/1994, *Ganev, W.* 3522

Abaíra: Caminho Jambreiro-Belo Horizonte. 16/12/1992, *Ganev, W.* 1667

Abaíra: Jambreiro-Belo Horizonte. 23/10/1993, *Ganev, W.* 2290

Abaíra: Topo da subida da Serra do Atalho. 29/11/1992, *Ganev, W.* 1597

Piatà: Jambreiro, próximo a Catolés. 17/10/1992, *Ganev, W.* 1253

Piatà: Serra de Santana 3/11/1996, *Queiroz, L.P. de* et al., in PCD 3999

Myrcia aff. bella Cambess.

Bahia

Andaraí: 5 km S of Andaraí on road to Mucugê, by bridge over the Rio ParÁguaçu. 12/2/1977, *Harley, R.M.* et al., 18579

Myrcia aff. blanchetiana (O.Berg) Mattos

Bahia

Água Quente: Arredores de Pico das Almas. 26/3/1980, *Mori, S.A.* et al., 13625

Lençóis: Arredores de Lençóis, caminho para Barro Branco. 2/3/1980, *Mori, S.A.* et al., 13359

Lençóis: Lençóis, próximo a BR-242. Em direção a Serra Brejao. Próximo ao Morroa do Pai Inácio. 20/12/1984, *Harley, R.M.* et al., in CFCR7298

Mucugê: A 2 km de Mucugê em direção S. 16/12/1984, *Stannard, B.* et al., in CFCR6985

Mucugê: By Rio Cumbuca about 3 km N of Mucugê on the Andaraí road. 5/2/1974, *Harley, R.M.* et al., 15991

Mucugê: By Rio Cumbuca, ca. 3 km S of Mucugê, near site of small dam on road to Cascavel. 4/2/1974, *Harley, R.M.* et al., in 15912

Rio de Contas: 4 km ao N da cidade, a 4 km do povoado do Mato Grosso. 8/11/1988, *Harley, R.M.* et al., 26005; 26043

Rio de Contas: Pico das Almas 14/12/1984, *Giulietti, A.M.* et al., in CFCR6864

Rio de Contas: Pico das Almas. Vertente leste. Perto de Faz. Brumadinho. 16 km ao N-O da cidade. 27/11/1988, *Harley, R.M.* et al., 27007

Rio de Contas: Pico das Almas. Vertente leste. Vale acima da Faz. Silvina. 29/11/1988, *Harley, R.M.* et al., 26669

Myrcia aff. cuprea (O.Berg) Kiaersk.

Bahia

Maraú: Maraú, Rodovia BR 030, trecho Ubaitaba-Maraú, a 45 km de Ubaitaba. 25/2/1980, *Carvalho, A.M.V. de* 162

Myrcia aff. fenzliana O.Berg

Bahia

Ilhéus: estrada entre Olivença e Vila Brasil, 3 km de Olivença 6/12/2006, *Lucas, E.J.* et al., 1072

Itacaré: Fazenda do Boa Paz, trilha do Boa Paz 5/12/2006, *Lucas, E.J.* et al., 1031

Olivença: a direita de estrada principal, c. 2 km a sul de Olivença 4/12/2006, *Lucas, E.J.* et al., 994

Uruçuca: Uruçuca, Distrito de Serra Grande. 7.3 km

na estrada Serra Grande/Itacaré, Fazenda Lagoa do conjunto Fazenda Santa Cruz. 7/9/1991, *Carvalho, A.M.V.* et al., 3643

Myrcia aff. *lineata* O.Berg
Bahia
Lençóis: Morro da Chapadinha. Chapadinha. 24/11/1994, *Melo, E.* et al., in PCD 1342

Myrcia aff. *littoralis* DC.
Bahia
Palmeiras: Serras dos Lençóis. Lower slopes of Morro do Pai Inácio ca. 14.5 km NW of Lençóis, just N of the main Seabra – Itaberaba road. 23/5/1980, *Harley, R.M.* et al., 22419

Myrcia aff. *micropetala* (O.Berg) Nied.
Bahia
Itacaré: Fazenda do Boa Paz, trilha do Boa Paz 5/12/2006, *Lucas, E.J.* et al., 1033

Myrcia aff. *mischophylla* Kiaersk.
Bahia
Andaraí: South of Andaraí, along road to Mucugê, near small town of Xique-Xique. 14/2/1977, *Harley, R.M.* et al., 18670

Myrcia aff. *multiflora* (Lam.) DC.
Alagoas
Maceió: 4/1838, *Gardner, G.* 1309

Myrcia aff. *obovata* (O.Berg) Nied.
Bahia
Palmeiras: Pai Inácio- Sul. Pai Inácio, mata de encosta. 30/12/1994, *Guedes, M.L.* et al., in PCD 1519
Palmeiras: Pai Inácio- Sul. Pai Inácio. 25/9/1994, *Giulietti, A.M.* et al., in PCD 773

Myrcia aff. *ochroides* O.Berg
Bahia
Correntina: Fazenda Jatoba. 19/9/1991, *Machado, J.W.B.* et al., 318
Morro do Chapéu: 2 km E de Morro do Chapéu, na BA-052 (estrada do feijão) 14/3/1995, *Queiroz, L.P. de* et al., 4307

Myrcia aff. *racemosa* (O.Berg) Kiaersk.
Bahia
Santa Cruz Cabrália: Rod. Br 367, a 18,7 km ao N de Porto Seguro, prox. ao nivel do mar. 20/3/1978, *Mori, S.A.* et al., 9749

Myrcia aff. *richardiana* (O.Berg) Kiaersk.
Bahia
Maraú: Rod. BR 030, 5 km a Maraú. 27/2/1980, *Santos, T.S. dos* et al., 3537

Myrcia aff. *subverticillaris* (O.Berg) Kiaersk
Bahia
Mucugê: Parque Naciona da Chapada Diamantina. Machambongo 25/3/2005, *Funch, L.S.* et al., 2006
Pernambuco
Unloc: Rio Preto. 9/1839, *Gardner, G.* 2873

Myrcia aff. *sylvatica* (G.Mey.) DC.
Bahia
Ilhéus: Road from Olivença to Una, 18 km S of Olivença. 21/4/1981, *Mori, S.A.* et al., 13694
Santa Cruz Cabrália: 11 km S of Santa Cruz Cabrália. 17/3/1974, *Harley, R.M.* et al., 17079

Myrcia aff. *variabilis* DC.
Bahia
Barreiras: Rodovia Barreiras-Brasilia km 90. 8/7/1983, *Coradin, L.* et al., 7417

Myrcia *almasensis* Nic Lugh.
Bahia
Rio de Contas: 4 km N de Rio de Contas. 21/7/1979, *Mori, S.A.* et al., 12390
Rio de Contas: Ca. 1 km S of Rio de Contas on side road to W of the road to Livramento do Brumado. 15/1/1974, *Harley, R.M.* et al., 15069
Rio de Contas: Pico das Almas: vertente leste. Trilha Fazenda Silvina – Queiroz 30/10/1988, *Harley, R.M.* et al., 25778 ISOTYPE, *Myrcia almasensis* Nic Lugh.

Myrcia *amazonica* DC.
Bahia
Unloc: in collibus., [Salzmann] Abaíra: Água Limpa 21/12/1991, *Harley, R.M.* et al., in H50236
Abaíra: Água Limpa 26/11/1993, *Ganev, W.* 2585
Abaíra: Arredores de Catolés 15/3/1992, *Stannard, B.* et al., in H51977
Abaíra: Arredores de Catolés 24/12/1991, *Harley, R.M.* et al., in H50330
Abaíra: Bem-Querer – Garimpo de CIA. 18/7/1994, *Ganev, W.* 3585
Abaíra: Caminho Capão de Levi-Serrinha 25/10/1993, *Ganev, W.* 2630; 2632
Abaíra: Catolés de Cima, Brejo de Altino. 3/11/1993, *Ganev, W.* 2386
Abaíra: Estrada nova Abaíra-Catolés. 19/12/1991, *Harley, R.M.* et al., in H50115
Abaíra: Jambreiro, caminho Jambreiro-Belo Horizonte. 22/11/1993, *Ganev, W.* 2562
Abaíra: Mata da Pedra Grande 2/3/1992, *Laessoe, T.* et al., in H52516
Abaíra: Serra do Barbado. 26/2/1994, *Sano, P.T.* et al., in CFCR14626
Barra da Estiva: 6 km N of Barra da Estiva not far from Rio Preto. 29/1/1974, *Harley, R.M.* et al., 15646
Bonito: Estrada para Bonito. 6/3/1997, *Gasson, P.* et al., in PCD 6103
Ilhéus: Estrada entre Sururu e Vila Brasil, a 6–14 km de Sururu, a 12 km de Buerarema. 27/11/1979, *Mori, S.A.* et al., 12877
Jacobina: *Blanchet, J.S.* 3585, FOTOTYPE, *Myrcia detergens* Miq.
Jacobina: Igreja Velha, prope urbem Jacobina.1841, *Blanchet, J.S.* 3442, FOTOTYPE, *Aulomyrcia detergens* (Miq.) var. *dives* O.Berg.
Jacobina: Oeste de Jacobina. Serra do Tombador, estrada para Lagoa Grande. 23/12/1984, *Lewis, G.P.* et al., in CFCR7472

Lençóis: Chapadinha. 22/2/1995, *Melo, E.* et al., in PCD 1673

Lençóis: Estrada de Lençóis BR 242 5 km ao N de Lençóis 19/12/1981, *Carvalho, A.M.V. de* 1011

Mucugê: Estrada Abaíra-Mucugê via São João, 40 km de Abaíra. 13/4/1992, *Ganev, W.* 116

Palmeiras: Serra da Chapadinha. Ao longo do Córrego. 6/2/1995, *Giulietti, A.M.* et al., in PCD 1624

Santa Cruz Cabrália: Antiga Rodovia que liga a Estação Ecológica Pau Brasil a Santa Cruz Cabrália, a 7 km ao NE da Estação. Ca. 12 km ao NW de Porto Seguro. 28/11/1979, *Mori, S.A.* et al., 13038

Vitória da Conquista: Rod. BA-265, trecho Vitória da Conquista/Barra do Choca, a 9 km leste da primeira. 21/11/1978, *Mori, S.A.* et al., 11285

Myrcia cf. *amblyphylla* Kiaersk.
Bahia

Una: Estrada que liga a Rod. BR 101 (São José) com Ba 265, a 13 km da entrada. 6/4/1978, *Mori, S.A.* et al., 9845

Myrcia amplexicaulis (Vell.) Hook.f.
Pernambuco

Unloc: Vicencia. Margem da estrada do Engenho Chicha a Fazenda Rochedo. 28/11/1957, *Andrade-Lima* 57-2816

Myrcia bella Cambess.
Bahia

Morro do Chapéu: Entrada da estrada para o "Morrao" (Morro do Chapéu). 28/01/2005, *Paula-Souza, J.* et al., 4915

Morro do Chapéu: Estrada para Morrao, ca. 5 km da entrada. 11/11/1998, *Carneiro, D.S.* et al., 28

Palmeiras: Pai Inácio 12/3/1997, *Gasson, P.* et al., in PCD 6183

Piauí

Correntes: Rodovia Correntes-Bom Jesus, km 34. 18/6/1983, *Coradin, L.* et al., 5822

Myrcia bergiana O.Berg
Alagoas

Marechal Deodoro: APA de Santa Rita, Sitio Campo Grande. 2/3/1989, *Esteves, G.L.* 2157

Bahia

Unloc: possible "in prov. Bahiensis." vide Fl. bras. 14(1):194.1857., *Swainson* s.n.

Ilhéus: *Martius, C.F.P. von* 1329, ISOTYPE, *Myrcia bergiana* O.Berg

Ilhéus: 1/1822, *Riedel, L.*, ISOTYPE, *Myrcia bergiana* O.Berg var. *angustifolia* O.Berg

Ilhéus: Road from Olivença to Maruim, 6.1 km W of Olivença. 1/5/1992, *Thomas, W.W.* et al., 9056

Itacaré: Caminho para Piracanga, após a travessia da balsa. 18/3/2006, *Carvalho-Sobrinho, J.G.de* et al., 783

Maraú: Coastal Zone. About 11 km North from turning to Maraú, along the Campinho road. 17/5/1980, *Harley, R.M.* et al., 22206

Maraú: km 5 da Rodovia Maraú/Ubaitaba, lado direito da estrada. 11/1/1988, Santos, E.B. dos 230

Maraú: Rod. BR-030, trecho Ubaitaba/Maraú, 45–50 km a leste de Ubaitaba. 12/6/1979, *Mori, S.A.* et al., 11967

Valença: Rodovia Guaibim (litoral), 6 km W de Guaibim. 11/12/1980, *Mattos Silva, L.A.* et al., 1286

Pernambuco

Unloc: 1838, *Gardner, G.*

Myrcia blanchetiana (O.Berg) Mattos
Bahia

Abaíra: Caminho Catolés-Cristais. Mata dos Frios. 25/5/1992, *Ganev, W.* 377

Abaíra: Catolés de Cima, serra do Rei, subida pelo Tijuquinho. 16/11/1992, *Ganev, W.* 1477

Abaíra: Estrada para Jussiape 02/02/2005, *Paula-Souza, J.* et al., 5312

Abaíra: Perto do Garimpo do Salão, estrada Piatã-Abaíra, 10 km de Piatã. 9/3/1992, *Stannard, B.* et al., in H51830

Abaíra: Serra da Tromba, nascente do Rio de Contas (Cabassão). 18/12/1992, *Ganev, W.* 1677

Abaíra: Serra do Sumbaré-Guarda Mor. 20/1/1994, *Ganev, W.* 2824

Abaíra: Serra dos Frios. 12/11/1993, *Ganev, W.* 2466

Andaraí: Caminho para antiga estrada para Xique-Xique do Igatu. 14/2/1997, *Stannard, B.* et al., in PCD 5630

Barra da Estiva: Serra do Sincorá, 15–19 km W of Barra da Estiva, on the road to Jussiape. 22/3/1980, *Harley, R.M.* et al., 20767

Barra da Estiva: Serra do Sincorá, Sincorá Velho. 24/11/1992, *Mello-Silva, R.* et al., 796

Delfino: Estrada Velha Delfino-Mimoso de Minas, 22 km de Delfino. 9/3/1997, *Harley, R.M.* in PCD 6143; 6144

Jacobina: *Blanchet, J.S.* 3391, ISOTYPE, *Aulomyrcia blanchetiana* O.Berg

Lagoinha: 16 km NW of Lagoinha (which is 5,5 km SW of Delfino) on side road to Minas do Mimoso. 4/3/1974, *Harley, R.M.* 16659

Lençóis: 8 km a S de Lençóis. Estrada Barra Branco. 20/12/1981, *Carvalho, A.M.V. de* 1047

Lençóis: Chapadinha, confrontando com Brejões. 21/2/1995, *Melo, E.* et al., in PCD 1647

Lençóis: Chapadinha, entre Chapadinha e Brejões. 21/2/1995, *Melo, E.* et al., in PCD 1634

Lençóis: Serra da Chapadinha. 24/11/1994, *Melo, E.* in PCD 1362

Lençóis: Trilha Lençóis-Capão. 28/1/1997, PCD 4586

Morro do Chapéu: 2/3/1997, *Gasson, P.* et al., in PCD 5935

Morro do Chapéu: 30/11/1980, *Furlan, A.* et al., in CFCR288

Morro do Chapéu: Cachoeira do Ferro Doido. 5/3/1997, *Harley, R.M.* et al., in PCD 6046

Morro do Chapéu: Fazenda Colvãozinho, ca. de 9 km de Morro do Chapéu, próximo a estrada para Utinga. 15/3/1996, *Conceição, A.A.* in PCD 2437

Morro do Chapéu: Rio Ferro Doido, ca. 18 km E of Morro do Chapéu. 19/2/1971, *Irwin, H.S.* 32615

Mucugê: Morro do Pina. Estrada de Mucugê a Guiné, a 25 km No de Mucugê. 20/7/1981, *Giulietti, A.M.* et al., in CFCR1499

Palmeiras: Pai Inácio, Morro do Pai Inácio.
22/11/1994, *Melo, E.* et al., in PCD 1225

Piatã: 8–9 km Piatã. 8/11/1988, *Kral, R.* et al.,
Wanderley, M.G.L. in 75561

Piatã: Piatã, Serra do Santana, atrás da igreja.
20/12/1992, *Ganev, W.* 1701

Piatã: Próximo ao Rio do Machado com rio do
Tomboro. 28/10/1992, *Ganev, W.* 1389

Piatã: Tanquinho beira do tanque dos escravos. Bem
Querer. 14/11/1992, *Ganev, W.* 1439

Rio de Contas: Barro branco, próximo a Ouro Fino.
28/9/1993, *Ganev, W.* 2254

Rio de Contas: Pico des Almas, Caminho da Fazenda
Silvina para o Campo Queiroz. 17/4/2001, *Harley,
R.M.* et al., in H54233

Myrcia cf. *blanchetiana* (O.Berg) Mattos
Bahia
Mucugê: 3–5 km N da cidade, em direçâo a
Palmeiras. Próximo ao Rio Moreira 20/02/1994,
Harley, R.M. et al., in 14303

Piatã: Estrada Piatã-Ribeirão. 1/11/1996, *Bautista,
H.P.* in PCD 3896

Piatã: Serra de Santana. 3/11/1996, *Hind, D.J.N.* et al.,
in PCD 3975

Myrcia calyptranthoides (O.Berg) Mattos
Bahia
Unloc: Jacobina1866, *Blanchet, J.S.* 3393, ISOTYPE,
Aulomyrcia calyptranthoides O.Berg

Lençóis: BR 242, entre km 224 e 228, a ca. 20 km ao
NW de Lençóis. 2/11/1979, *Mori, S.A.* et al., 12968

Myrcia carvalhoi Nic Lugh.
Bahia
Ilhéus: Ca. 7 km na estrada Olivença para Vila Brasil.
30/5/1991, *Carvalho, A.M.V.* et al., 3288

Una: km 17 de estrada que liga a Rod. BR-101 (Sâo
José) a Rod. BA-215. 29/10/1978, *Mori, S.A.* et al.,
11024

Una: Ramal que liga a BA 265 (Rod. Una Rio Branco)
a Br 101 (Sâo José) a 8 km SW do entroncamento
e a 20 km NW de Una, em linha reta. 27/2/1986,
Mori, S.A. et al., 9326

Una: Riberão da Caveira, Serra Javi. 25/2/1986,
Santos, T.S. dos et al., in3996, ISOTYPE, *Myrcia
carvalhoi* Nic Lugh.

Una: Rodovia BA-265, a 19 km de Una. 25/2/1986,
Mori, S.A. et al., in PCD9281

Una: Serra da Luzia, ramal com entrada no km 5.7 da
Rodovia Sâo José/Una, lado N 1,8 km. Fazenda
Conjunto Santa Rosa, 7 km por ar ENE Sâo José.
27/2/1986, *Santos, T.S. dos* et al., 4048

Myrcia clavija Sobral
Bahia
Ilhéus: Estrada entre Sururú e Vila Brazil, a 6–14 km
de Sururú. A 12–20 km ao SE de Buerarema
27/10/1979, *Mori, S.A.* et al., 12887

Una: km 17 da estrada que liga a Rod. BR-101 (Sâo
José), a Rod. BA-215. 29/10/1978, *Mori, S.A.* et al.,
11021

Myrcia cuprea (Berg.) Kiaersk.
Bahia
Belmonte: km 8 do ramal com direçâo N, que liga a
Rod. Belmonte/ Itapebiao Rio Ubu. Ramal com
entrada no km 30 desta Rodovia. 18/05/1979,
Mattos Silva, L.A. et al., 397

Myrcia decorticans DC.
Bahia
Unloc: in collibus., *Salzmann, P.*, ISOSYNTYPE,
Myrcia lasiopus DC.

Myrcia densa (DC.) Sobral
Bahia
Abaíra: Arredores de Catolés, na estrada para Guarda
27/12/1988, *Harley, R.M.* et al., 27836

Abaíra: Caminho Catolés-Guarda Mor. 5/4/1994,
Ganev, W. 3054

Abaíra: Caminho Samambaia-Serrinha. 22/5/1992,
Ganev, W. 349

Abaíra: Campo da Pedra Grande 25/3/1992, *Nic
Lughadha, E.* et al., in H53342

Abaíra: Ladeira rochosa entre Campo de Ouro Fino e
Pedra Grande 21/3/1992, *Nic Lughadha, E.* et al.,
in H52594

Abaíra: Mata do Barbado 17/2/1992, *Harley, R.M.* et
al., in H52100

Abaíra: Riacho da Taquara 4/2/1992, *Stannard, B.* et
al., in H51166

Barra da Estiva: W of Barra, on the road to Jussiape.
22/3/1980, *Harley, R.M.* et al., 20734

Morro do Chapéu: 2/3/1997, *França, F.* et al., in PCD
5919

Piatã: arredores da cidade no caminho para a
Capelinha 14/2/1987, *Harley, R.M.* et al., 24210

Rui Barbosa: Serra de Rui Barbosa. 8/2/1991, *Taylor,
N.P.* et al., 1590

Salvador: Bairro de Itapoã, vicinity of airport Dois de
Julho. 23/5/1981, *Mori, S.A.* et al., 14091
Pernambuco
Catimbau: Trilha das Torres. 17/10/1994, *Rodal,
M.J.N.* 412

Myrcia eximia DC.
Bahia
Itirucu: Rodovia que liga o entroncamento de
Jaquaquara. 29/2/1988, *Mattos Silva, L.A.* et al.,
2230

Myrcia cf. *eximia* DC.
Bahia
Santa Cruz Cabrália: Arredores da Estaçâo Ecológica
do Pau-brasil (ca. 17 km a W de Porto Seguro),
estrada velha da Santa Cruz Cabrália, 4–6 km a E
da sede da Estaçâo. 19/10/1978, *Mori, S.A.* et al.,
10841

Sâo Desiderio: Sitio Grande e Estiva. 14/10/1989,
Mendonça, R.C. et al., 1529

Myrcia felisbertii (DC.) O.Berg
Bahia
Ilhéus: Moricand 2315

Myrcia fenzliana O.Berg
Bahia
  Abaíra: Campo da Pedra Grande. 25/3/1992, *Nic Lughadha, E.* et al., H53344
  Abaíra: Mata do Barbado. 2/1/1992, *Nic Lughadha, E.* et al., in H50638
  Rio de Contas: Pico das Almas. Vertente leste. Trilha Faz.Silvina – Queiroz 29/11/1988, *Harley, R.M.* et al., 26666
  Rio de Contas: Serra do Mato Grosso. 3/4/1997, *Passos, L.* et al., in PCD 4960
  Rio do Pires: Garimpo das Almas (Cristal). 25/7/1993, *Ganev, W.* 1965

Myrcia cf. gatunensis Standl.
Piauí
  Unloc: 1837, *Gardner, G.* 1518

Myrcia cf. glauca Cambess.
Bahia
  Mucugê: Estrada Nova Andaraí-Mucugê, entre 11–13 km de Mucugê. 8/9/1981, *Furlan, A.* et al., in CFCR2136

Myrcia cf. goyazensis Cambess.
Bahia
  Mucugê: Estrada Mucugê-Andaraí, a 3–5 km N de Mucugê. 21/02/1994, *Harley, R.M.* et al., 14337

Myrcia grazielae Nic Lugh.
Bahia
  Abaíra: Mata do Cigano. 22/3/1992, *Laessoe, T.* et al., in H53304
  Porto Seguro: Reserva Florestal de Porto Seguro – CVRD/BA. 10/1/1989, *Folli, D.A.* 851
  Santa Cruz Cabrália: Estação Ecológica do Pau – Brasil e arredores, cerca de 16 km a W de porto Seguro. 22/3/1978, *Mori, S.A.* et al., 9838
  Santa Cruz Cabrália: Estação Ecológica do Pau-Brasil e arredores, cerca de 16 km a W de Port Seguro. 2/7/1978, *Mori, S.A.* et al., 10208
  Uruçuca: Estrada que liga Uruçuca com Serra Grande, a 28 km ao NE de Uruçuca. 2/12/1979, *Mori, S.A.* et al., 13061

Myrcia guianensis (Aubl.) DC.
Alagoas
  Unloc: 1838, *Gardner, G.* 1301
Bahia
  Unloc: Barra de Jiquitiba 10/1824, *Riedel, L.* 828, ISOTYPE, *Aulomyrcia obscura* O.Berg var. *genuina* O.Berg
  Unloc: in collibus., *Salzmann, P.*
  Unloc: Inter Rio do Sono et B. St.Francisco. 10/1834, *Riedel, L.* 1383
  Unloc: St. Luzia (St. Luis) 10/1828, *Riedel, L.* 677
  Abaíra: Água Limpa. 21/12/1991, *Harley, R.M.* et al., in H50239
  Abaíra: Ao oeste de Catolés, perto do Catolés de Cima, nas vertentes das serras. 26/12/1988, *Harley, R.M.* et al., 27802
  Abaíra: Arredores de Catolés. 24/12/1991, *Harley, R.M.* et al., in H50194

Abaíra: Brejo do Engenho. 27/12/1992, *Hind, D.J.N.* et al., H50473
Abaíra: Brejo do Engenho. 30/12/1991, *Nic Lughadha, E.* et al., in H50573; 30/3/1992, in H53357
Abaíra: Caminho Engenho-Marques, à beira do Córrego do Outeiro. 26/9/1992, *Ganev, W.* 1195
Abaíra: Caminho Engenho-Tromba, próximo a casa de Niquinha. 12/9/1992, *Ganev, W.* 1084
Abaíra: Caminho Guarda Mor. Serra dos Frios (Covoão). 7/11/1993, *Ganev, W.* 2452
Abaíra: Caminho Lambedor – Roçadão. 27/7/1992, *Ganev, W.* 743
Abaíra: Caminho Ribeirão de Baixo-Piatã, pelas Quebradas. Serra do Atalho. 28/11/1992, *Ganev, W.* 1578
Abaíra: Campo de Ouro Fino (baixo). 10/1/1992, *Harley, R.M.* et al., in H50707; H50744
Abaíra: Campo de Ouro Fino. 27/3/1992, *Stannard, B.* et al., H53353
Abaíra: Campo Ouro Fino (baixo). 31/12/1991, *Harley, R.M.* et al., in H50606; H50608
Abaíra: Campos do Virassaia. 30/12/1993, *Ganev, W.* 2743; 2745
Abaíra: Catolés de Cima, próximo ao Rio do Calado, próximo a cancela velha da água limpa. 23/10/1992, *Ganev, W.* 1332
Abaíra: Catolés de Cima-Bem Querer. 5/1/1993, *Ganev, W.* 1800
Abaíra: Catolés. 20/12/1991, *Harley, R.M.* et al., in H50170
Abaíra: Engenho de Baixo. Morro do Cuscuzeiro, caminho Casa Velha de Arthur para Boa Vista. 10/7/1994, *Ganev, W.* 3501
Abaíra: Estrada Catolés-Abaíra, ca. 5 km de Catolés, mata do Engenho. 24/9/1992, *Ganev, W.* 1543
Abaíra: Estrada Catolés-Abaíra, entrada do Engenho. 25/9/1992, *Ganev, W.* 1185
Abaíra: Estrada Catolés-Ribeirão, próximo ao escorregador, ca. 1,5 km. 10/9/1992, *Ganev, W.* 1056
Abaíra: Estrada de engenho entre Catolés e Abaíra. 31/1/1992, *Pirani, J.R.* et al., in H51370
Abaíra: Estrada Engenho de Baixo – Márques. 2/12/1992, *Ganev, W.* 1605
Abaíra: Garimpo do Bicota. 24/3/1992, *Stannard, B.* et al., in H52832
Abaíra: Mata da Pedra Grande. 2/3/1992, *Laessoe, T.* et al., in H50994; H52511
Abaíra: Mendonça Beira do Rio do Ribeirão, próxima ao poço do Fel. 31/7/1992, *Ganev, W.* 798
Abaíra: Mendonça de Daniel Abreu, a 3 km de Catolés. 15/10/1992, *Ganev, W.* 1221
Abaíra: Riacho da Taquara. 4/2/1992, *Stannard, B.* et al., H51161
Abaíra: Serra da Tromba, nascente do Rio de Contas. 18/12/1992, *Ganev, W.* 1691
Abaíra: Tijuquinho. 10/1/1991, *Nic Lughadha, E.* et al., in H50701; H50702; 10/2/1992, H51074
Abaíra: Tijuquinho. 6/1/1992, *Harley, R.M.* et al., in H50656
Abaíra: Veio de Cristais. 25/5/1992, *Ganev, W.* 369
Água Quente: Pico das Almas. Vertente norte. Vale ao noroeste do Pico 1/12/1988, *Harley, R.M.* et al., 26544

Água Quente: Pico das Almas.Vertente oeste.Entre Paramirim das Crioulas e a face NNW do pico 17/12/1988, *Harley, R.M.* et al., 27584

Andaraí: Nova Rodovia Andaraí/Mucugê (=Mucugê), a 15–20 km ao S de Andaraí. 21/12/1979, *Mori, S.A.* et al., 13122

Barra da Estiva: 6 km N of Barra da Estiva not far from Rio Preto. 29/1/1974, *Harley, R.M.* et al., 15587

Barra da Estiva: N face of Serra de Outo, 7 km S of Barra da Estiva on the Ituacu road. 30/1/1974, *Harley, R.M.* et al., 15683

Caetité: Caminho para Brejinho de Ametista. 11/02/1997, *Stannard, B.* et al., in PCD 5450

Camaçari: Arembepe. Condominio Laguna. 3/2/2006, *Cardoso, D.* et al., 1079

Campo formoso: Brejo do Tamandua. Serra do Areiao. 17/2/2006, *Souza, E.B.* et al., 14444

Conde: Siribina, Cavalo Russo 17/11/2005, *Conceição, S.F.* et al., 423

Entre Rios: Litoral Norte 21/1/2004, *Souza, E.R. de* et al., 448

Entre Rios: Road W de Subauma, 2–5 km W of Subauma. 28/5/1981, *Mori, S.A.* et al., 14173

Feira da Santana: Campus da UEFS 10/3/1988, *Crepalde, I.* et al., 4

Ilhéus: *Blanchet, J.S.* 1920

Ilhéus: 1834, *Blanchet, J.S.* 1919

Ilhéus: 10 km na estrada Ilhéus/Olivença. Ramal para Fazenda Barra do Manguinhos. 6/4/1986, *Carvalho, A.M.V.* et al., 2436

Ilhéus: 1 km apos a entrada para a Faz. Maguinho, 10 km de Ilhéus. 19/6/1990, *Queiroz, L.P. de* et al., 2854

Ilhéus: 4 km N of Olivença on the road from Olivença to Ilhéus. 19/4/1981, *Mori, S.A.* et al., 13680

Ilhéus: Fazenda Barra do Manguinho, km 11 da Rodovia Ilhéus/Olivença/Una (BA 001). 4/3/1985, *Voeks, R.* 96; 25/4/1985, *Voeks, R.* 109

Ilhéus: Restinga, near Ilhéus. 8/6/1980, *Harley, R.M.* et al., 23029

Ilhéus: Rodovia Ilhéus – Canavieiras 19/4/1981, *Carvalho, A.M.V.* et al., 615

Ilhéus: Rodovia Ilhéus/Ponta de Ramo/Itacaré. 6 km N of Ilhéus. 19/4/1986, *Mattos Silva, L.A.* et al., 2060

Itirucu: 18 km da Rodovia Itirucu/ Maracás (BA 554). Capoeira em Região de Mata de Cipo. 13/02/1979, *Dos Santos, T.S.* et al., 3439

Jacobina: 31/3/1996, *Guedes, M.L.* et al., in PCD 2711; 2716

Jacobina: ad urbem Jacobina. 5/1860, *Blanchet, J.S.* 3587, ISOSYNTYPE, *Aulomyrcia fragilis* O.Berg.

Jacobina: Oeste de Jacobina. Serra do Tombador, estrada para Lagoa Grande. 23/12/1984, *Furlan, A.* et al., in CFCR7465

Jacobina: Pinhaco. 28/3/1996, *Stannard, B.* et al., in PCD 2597

Jacobina: Serra de Jacobina, Pico do Jaraguá. 3/4/1996, *Woodgyer, E.* et al., in PCD 2793

Lagoinha: 16 km NW of Lagoinha (which is 5,5 km SW of Delfino) on side road to Minas do Mimoso.

4/3/1974, *Harley, R.M.* et al., 16674

Lençóis: Arredores de Lençóis, caminho para Barro Branco. 2/3/1980, *Mori, S.A.* et al., 13363

Lençóis: Beira de estrada BR-242, entre o ramal a Lençóis e Pai Inácio. 19/12/1984, *Lewis, G.P.* et al., in CFCR7140

Lençóis: Chapadinha. 21/2/1995, *Melo, E.* et al., in PCD 1639; 23/2/1995, *Melo, E.* et al., in PCD 1699

Lençóis: Serra da Chapadinha. 5/2/1995, *Giulietti, A.M.* et al., in PCD 1573

Maraú: BR 030, a 5 km ao S de Maraú. 13/6/1979, *Mori, S.A.* et al., 12000

Maraú: Coastal Zone. About 11 km North from turning to Maraú, along the Campinho road. 18/5/1980, *Harley, R.M.* et al., 22220

Maraú: Estrada que liga Ponta do Muta (Porto Campinhos) a Maraú, a 8 km do Porto. 6/2/1979, *Mori, S.A.* et al., 11413

Morro do Chapéu: 16 km along Morro do Chapéu to Utinga road. 1/6/1980, *Harley, R.M.* et al., 22984

Morro do Chapéu: BA 052 a 12 km leste da sede do municipio. 5/5/2007, *Ibrahin, M.* et al., 23; 24

Morro do Chapéu: Estrada para o "Morrao" (Morro do Chapéu). Ca. 13 km da Rodovia para Utinga, arredores da antena 28/01/2005, *Paula-Souza, J.* et al., 4805

Morro do Chapéu: Estrada para Várzea Nova 25/8/2006, *Moraes, A.O.* et al., 293

Morro do Chapéu: Fazenda Sta. Maria. 16/3/1996, *Conceição, A.A.* et al., in PCD 2453

Morro do Chapéu: Parque Morro do Chapéu. Estrada para Barração. 28/4/2006, *Gonçalves, J.M.* et al., 3

Mucugê: a 3 km ao S de Mucugê, na estrada que vai para Jussiape. 22/12/1979, *Mori, S.A.* et al., 13137

Mucugê: Caminho para Abaíra 13/2/1997, *Guedes, M.L.* et al., in PCD 5716

Mucugê: Pico do Gobria. 20/1/2005, *Castro, R.M.* et al., 1076

Nova Soure: Biritinga 25/5/1983, *Pinto, G.C.P.* et al., 74

Palmeiras: Cerrado do Campos São João 5/3/2004, *Araujo, B.R.N.* et al., 60

Palmeiras: Pai Inácio. 1/7/1995, *Guedes, M.L.* et al., in PCD 2106

Palmeiras: Pai Inácio. BR 242, km 232, a ca. de 15 km ao NE de Palmeiras. 24/12/1979, *Mori, S.A.* et al., 13223

Palmeiras: Pai Inácio. Indo para o Cercado. 1/7/1995, *Guedes, M.L.* et al., in PCD2122

Palmeiras: Pai Inácio-Norte. 27/12/1994, *Guedes, M.L.* et al., in PCD1399

Palmeiras: Próximo ao Rio Mucugêzinho. Rod. Lençóis-Seabra, ca. 21 km NW de Lençóis 17/02/1994, *Harley, R.M.* et al., 14177

Piatã: Estrada Inunbia/Piatã, 8 km de Inúbia. 11/11/1996, *Hind, D.J.N.* et al., in PCD 4212

Piatã: Povoado da Tromba. 15/6/1992, *Ganev, W.* 485

Rio de Contas: 10–13 km ao norte da cidade na estrada para o povoado de Mato Grosso 27/10/1988, *Harley, R.M.* et al., 25674

Rio de Contas: 5 km. da cidade na estrada para Livramento do Brumado 25/10/1988, *Harley, R.M.* et al., 25398

Rio de Contas: Pico das Almas. Vertente leste. 11–14 km da cidade, entre Faz.Brumadinho-Junco 17/12/1988, *Harley, R.M.* et al., 25582

Rio de Contas: Pico das Almas. Vertente leste. 13–14 km ao N-O da cidade 28/10/1988, *Harley, R.M.* et al., 25714

Rio de Contas: Pico das Almas. Vertente leste. Junco. 9–11 km ao N-O da cidade 6/11/1988, *Harley, R.M.* et al., 25942

Rio de Contas: Pico das Almas. Vertente leste. Junco-Faz.Brumadinho, 12–16 km ao N–O da cidade 10/11/1988, *Harley, R.M.* et al., 26088

Salvador: Bairro de Itapoã, vicinity of airport Dois de Julho. 23/5/1981, *Mori, S.A.* et al., 14087

Salvador: Coastal dunes 2 km N of town of Itapoã. 9/4/1980, *Plowman, T.C.* et al., 10042

Salvador: Itapoã 14/7/1983, *Bautista, H.P.* et al., 801

Salvador: Lagoa do Abaeté, NE edge of the city of Salvador. 22/5/1981, *Mori, S.A.* et al., 14039

Salvador: Vicinity of airport, Dois de Julho. 24/5/1981, *Mori, S.A.* et al., 14106

São Felix do Coribe: Ca. 37 km S de São Felix do Coribe na estrada para Alagoinhas. 13/10/2005, *Queiroz, L.P. de* et al., 10986

Simões Filho: Fazenda Bela Vista 24/6/2004, *Costa, J.* et al., 769

Tucano: 24/2/2006, *Melo, E.* et al., 4260

Tucano: 27/5/1981, *Gonçalves, L.M.C.* 100; 108

Tucano: 7–10 km along road Tucano para Ribeira do Pombal. 21/3/1992, *Carvalho, A.M.V.* et al., 3899

Una: Ilhéus/Una Highway, 37 km S of Ilhéus. 7/7/1984, *Mori, S.A.* et al., 16625

Vera Cruz: Ilha de Itaparica, estrada Coroa-Baiacu. 1/4/1994, *Melo, E.* et al., 948

Vitória da Conquista: Rod. BA-265, trecho Vitória da Conquista/Barra do Choça, a 9 km leste da primeira. 4/3/1978, *Mori, S.A.* et al., 9450

Ceará

Unloc: Serra do Araripe 9/1838, *Gardner, G.* 1621, ISOSYNTYPE, *Aulomyrcia gardneriana* O.Berg. var. *caerulescens* O.Berg.

Crato: 1838, *Gardner, G.* 1626, ISOSYNTYPE, *Aulomyrcia gardneriana* O.Berg. var. *caerulescens* O.Berg.

Crato: 9/1838, *Gardner, G.* 1625, ISOSYNTYPE, *Aulomyrcia gardneriana* O.Berg. var. *virescens* O.Berg.

Novo Oriente: Planalto Ibiapaba 8/11/1990, Araujo, F.S. de 206

Paraíba

Santa Rita: 20 km do centro de João Pessoa, Usina São João Tibirizinho. 5/2/1992, Agra, M.F. 1407; 1453

Santa Rita: Estrada para João Pessoa, 5 km de Cabedelo. 2/1/1981, *Fevereiro, V.P.B.* et al., inM518

Pernambuco

Unloc: 11/1837, *Gardner, G.* 1013

Itamaracá: 12/1837, *Gardner, G.* 1012

Jatauba: Fazenda Balame Brejo de altitude, Mata Serrana. 3/4/1995, *Moura, F.* 134; 15/1/1996 *Moura, F.* 404; 15/03/1996, *Moura, F.* 440

Myrcia cf. hartwegiana O.Berg

Bahia

Vera Cruz: Ilha de Itaparica. Estrada Coroa-Baiacu. 1/4/1994, *Melo, E.* et al., 954

Myrcia hexasticha Kiaersk.

Bahia

Ilhéus: Castelo Novo 12/1821, *Riedel, L.* 514

Santa Cruz Cabrália: Antiga Rodovia que liga a Estação Ecológica do Pau-Brasil a Santa Cruz, 5–7 km ao NE da Estação. Ca. 12 km ao NW de Porto Seguro. 5/7/1979, *Mori, S.A.* et al., 12079

Pernambuco

Unloc: 10/1837, *Gardner, G.* 1016, ISOTYPE, *Aulomyrcia insularis* (Gardner) O.Berg. var. *punctata* O.Berg.

Myrcia hirtiflora DC.

Bahia

Ilhéus: Moricand 1890

Ilhéus: Along rd from Ilhéus to Serra Grande. 8/5/1992, *Thomas, W.W.* et al., 9223

Ilhéus: Fazenda Barra do Manguinho. 6/12/1984, *Voeks, R.* 73

Ilhéus: Pontal/olivenca, 4 km N de Olivença. 19/4/1981, *Carvalho, A.M.V.* et al., 625

Itabuna: 65 km NE of Itabuna, at the mouth of the Rio de Contas on the N bank opposite Itacaré. 1/4/1974, *Harley, R.M.* et al., 17612

Itacaré: 65 km NE of Itabuna, at mouth of the Rio de Contas, N bank opposite Itacaré. 30/1/1977, *Harley, R.M.* et al., 18405

Maraú: Coastal Zone. ca. 5 km. SE of Maraú near junction with road to Campinho. 15/5/1980, *Harley, R.M.* et al., 22085

Maraú: Rod. BR 030, 24 km de Maraú. 13/6/1979, *Mattos Silva, L.A.* et al., 450

Santa Terezinha: Serra da Jibóia. Mata Atlântica 18/7/2004, *Neves, M.L.C.* et al., 122

Una: Ilhéus/Una highway, 37 km S of Ilhéus. 7/7/1984, *Mori, S.A.* et al., 16627

Sergipe

Santo Amaro das Brotas: Rio Pomonga, roadside SE226. 19/1/1992, *Farney, C.* 2910

Myrcia ilheosensis Kiaersk.

Bahia

Unloc: 19.5 km SE of the town of Morro do Chapéu on the BA052 road to Mundo Novo, by the Rio Ferro Doido. 2/3/1977, *Harley, R.M.* et al., 19236

Unloc: Between Alcobaça and Caravelas on BA 001 highway. 20 km S. of Alcobaça. 17/1/1977, *Harley, R.M.* et al., 18045

Unloc: Bonfim. 3/3/1974, *Andrade-Lima* 74-7573

Abaíra: Riacho das Taquaras. 21/5/1992, *Ganev, W.* 331

Abaíra: Veio de Cristais. 25/5/1992, *Ganev, W.* 355

Alcobaça: Rodovia Alcobaça/Prado (BA 001), km 3. 29/3/1989, *Mattos Silva, L.A.* et al., 2634

Ilhéus: Litoral Norte, 9 km de Ilhéus. 3/8/1980, *Carvalho, A.M.V.* et al., 300

Ilhéus: Rd form Ilhéus to Serra Grande, 11.3 km N of the Itaipe bridge leaving Ilhéus. 5/5/1992, *Thomas, W.W.* et al., 9121

Ilhéus: Road from Olivença to Maruim, 2 km W de Olivença. 19/4/1981, *Mori, S.A.* et al., 13662

Lençóis: Arredores de Lençóis, caminho para Barro Branco. Vegetando à margem de um rio. 2/3/1980, *Mori, S.A.* et al., 13351

Licinio de Almeida: 2 km antes da entrada da cidade 10/01/2006, *Nunes, T.S.* et al., 1628

Maraú: Rod. BR 030, a 3 km ao S de Maraú. 7/2/1979, *Mori, S.A.* et al., 11452

Mucugê: Estrada Mucugê – Guiné, a 7 km de Mucugê. 7/9/1981, *Pirani, J.R.* et al., in CFCR2009

Mucugê: Estrada Mucugê-Andaraí, a 3–5 km N de Mucugê 21/02/1994, *Sano, P.T.* et al., 14383

Mucugê: Mucugê, Estrada Mucugê-Guiné, a 5 km de Mucugê. 7/9/1981, *Pirani, J.R. in* CFCR1924

Mucugê: Serra do Sincorá, 6,5 km SW of Mucugê on the Cascavel road. 27/3/1980, *Harley, R.M.* et al., 21036

Nova Viçosa: Arredores de Nova Viçosa. 9/12/1984, *Hatschbach, G.* et al., 48745

Palmeiras: Pai Inácio, BR 242 W of Lençóis at km 232. 12/6/1981, *Mori, S.A.* 14375

Palmeiras: Pai Inácio. BR 242, km 232, cerca de 15 km ao NE de Palmeiras. 29/2/1980, *Mori, S.A.* 13295

Porto Seguro: ca. 6–7 km na estrada que liga Trancoso ao Arraial D'Ajuda. 12/12/1991, *Sant'Ana, S.C. de* et al., 96

Santa Cruz Cabrália: 5 km S of Santa Cruz Cabrália. 18/3/1974, *Harley, R.M.* et al., 17137

Santa Cruz Cabrália: A 2–3 km a W de Santa Cruz Cabrália. 6/4/1979, *Mori, S.A.* et al., 11695

Santa Cruz Cabrália: Entre Santa Cruz e Porto Seguro, a 15 km ao N da segunda. 27/11/1979, *Mori, S.A.* et al., 13016

Myrcia cf. *inaequiloba* (DC.) Lemée
Bahia
Cairu: Ilha de Tinharé. Fazenda dos Pilões. 20/11/1985, *Mattos Silva, L.A.* et al., dos 1888

Myrcia jacobinensis (O.Berg) Mattos
Bahia
Abaíra: Água Limpa 21/12/1991, *Harley, R.M.* et al., in H50247; H50248

Abaíra: Belo Horizonte, acima do Jambreiro, próximo a Serra do Sumbaré. 26/10/1992, *Ganev, W.* 1369

Abaíra: Caminho Jambreiro – Belo Horizonte. 16/12/1992, *Ganev, W.* 1666

Abaíra: Campo do Cigano 5/2/1992, *Stannard, B.* et al., in H51183

Abaíra: Ladeira rochosa entre Campo de Ouro Fino e Pedra Grande 26/3/1992, *Nic Lughadha, E.* et al., in H53347

Abaíra: Mata de Pedra Grande 2/3/1992, *Laessoe, T.* et al., in H50996

Abaíra: Pico do Barbado. 28/9/1993, *Ganev, W.* 2268; 2269; 2276

Abaíra: Serra dos Frios. 12/11/1993, *Ganev, W.* 2477

Água Quente: Pico das Almas. Vertente oeste. Entre Paramirim das Crioulas e a face NNW do pico 16/12/1988, *Harley, R.M.* et al., 27510

Barra da Estiva: 19–26 km NE da cidade, estrada para o povoado Sincorá da Serra (Sincorá Velho). 17/11/88, *Harley, R.M.* et al., 26906

Jacobina: 31/3/1996, *Guedes, M.L.* et al., in PCD 2717

Jacobina: 20 km na estrada Jacobina para Riacho das Lages. Serra do Tombador. 3/4/1986, *Carvalho, A.M.V.* et al., 2398

Jacobina: Caminho para cachoeira de Paiaio. 4/4/1996, *Guedes, M.L.* et al., in PCD 2807

Lençóis: Serra da Chapadinha. Entre Chapadinha e Brejões. 21/2/1995, *Melo, E.* et al., in PCD 1637

Morro do Chapéu: Morrao. 13/3/1996, *Conceição, A.A.* et al., in PCD 2347

Palmeiras: Pai Inácio. 27/12/1994, *Guedes, M.L.* et al., in PCD 1416

Palmeiras: Pai Inácio. BR 242, km 232, a ca. de 15 km ao NE de Palmeiras. 24/12/1979, *Mori, S.A.* et al., 13230

Piatã: Piatã, Serra do Santana, atrás da igreja. 20/12/1992, *Ganev, W.* 1713

Piatã: Três Morros, Estrada Piatã-Inúbia. 5/12/1992, *Ganev, W.* 1617

Rio de Contas: Ao N da cidade, a 100m do povoado do Mato Grosso 8/11/1988, *Harley, R.M.* et al., 26039

Rio de Contas: Campo arenoso, ca. de 3 km SW da cidade. 13/12/1984, *Giulietti, A.M.* et al., in CFCR6755

Rio de Contas: Serra do Mato Grosso. 3/2/1997, *Saar, E.* et al., in PCD 4948

Pernambuco
Buique: Chapada de São José. 1/11/1961, *Andrade-Lima* 613986; 21/6/1975, *Andrade-Lima* 758055

Myrcia cf. *jacobinensis* (O.Berg) Mattos
Bahia
Palmeiras: Pai Inácio 28/2/1997, *França, F.* et al., in PCD 5910; 5911

Myrcia lacerdaeana O.Berg
Bahia
Ilhéus: *Martius, C.F.P. von* 1234, ISOTYPE, *Myrcia lacerdaeana* O.Berg.

Porto Seguro: Entre Porto Seguro e Ajuda. 29/8/1961, *Duarte, A.P.* 6035

Myrcia laricina (O.Berg) Burret ex Luetzelb.
Bahia
Barreiras: BR 020, km 702 Brasilia-Fortaleza, beira da estrada. 28/9/1978, *Coradin, L.* et al. in 1170

Ibotirama: Rodovia (BR 242) Ibotirama-Barreiras, km 86. 7/7/1983, *Coradin, L.* et al., 6604

Rio Preto: Rodovia Anel da Soja, reserva de cerrado entre plantios de soja. 12/11/1995, *Walter, B.M.T.* et al., 2910

Pernambuco
Unloc: 1841, *Gardner, G.* 2874

Unloc: (O tipo e citado como sendo do Piauí). 9/1839, *Gardner, G.* 2875, ISOTYPE, *Aulomyrcia laricina* O.Berg.

Myrcia laruotteana Cambess.
Bahia
Anguera: Fazenda Retiro, proxima a Rodovia do feijão. 31/10/2006, *Cardoso, D.* et al., 1399

Ilhéus: Luzia 10/1824, *Riedel, L.* 662, ISOTYPE, *Aulomyrcia laruotteana* O.Berg var. *glabriuscula* Camb.

Myrcia lasiantha DC.
Bahia
   Mucugê: Parque Naciona da Chapada Diamantina.Machambongo 25/3/2005, *Funch, L.S.* et al., 2005

Myrcia lineata (O.Berg) Nied.
Bahia
   Ilhéus: Castelo Novo 11/1821, *Riedel, L.* 515

Myrcia littoralis DC.
Bahia
   Entre Rios: Road W of Subauma, 2–5 km W of Subauma. 28/5/1981, *Mori, S.A.* et al., 14172
   Ilhéus: Road from Olivença to Maruim, 6–8 km W de Olivença. 10/5/1981, *Mori, S.A.* et al., 13934
   Olivença: a direita de estrada principal, c. 2 km a sul de Olivença 4/12/2006, *Lucas, E.J.* et al., 1000
   Santa Cruz Cabrália: A 2–3 km ao W de Santa Cruz Cabrália. 6/4/1979, *Mori, S.A.* et al., 11683
   Santa Cruz Cabrália: Rod. Br 367, a 18,7 km ao N de Porto Seguro, prox. ao nivel do mar. 20/3/1978, *Mori, S.A.* et al., in9745
   Una: entrada para a estrada de Rio das Pedras 6/12/2006, *Lucas, E.J.* et al., 1094; 1098

Myrcia cf. littoralis DC.
Bahia
   Maraú: Estrada Itacaré-Maraú 29/12/2005, *Carvalho, P.D.* et al., 249

Myrcia micropetala (Mart.) Nied.
Bahia
   Camamu: Rod. BA650/Camamu/TravesSão, Faz. Zumbi dos Palmares. Cahoeira de Crespe. 12/11/2004, *Paixão, J.L. da* et al., 289

Myrcia mischophylla Kiaersk
Bahia
   Unloc: Serra Geral de Caitité ca. 12 km. SW. of Caitité, by the road to Morrinhos, and ca.9 km. W. along this road from the junction with Caitité-Brejinhos das Ametistas road. 10/04/1980, *Harley, R.M.* et al., 21194
   Abaíra: Boa Vista, ca. de 4 km de Catolés. 12/11/1992, *Ganev, W.* 1410
   Abaíra: Boa Vista. 5/5/1992, *Ganev, W.* 244
   Abaíra: Caminho Jambreiro-Belo Horizonte. 14/7/1994, *Ganev, W.* 3544
   Abaíra: Campo de Ouro Fino (baixo). 6/2/1992, *Nic Lughadha, E.* et al., H51040
   Abaíra: Campos do Ouro Fino, próximo ao acampamenoto da expedição, em capão no campo 14/7/1992, *Ganev, W.* 649
   Abaíra: Jambeiro – próximo a Catolés. 2/5/1992, *Ganev, W.* 210
   Abaíra: Jaqueira, Beira do Rio da Água Suja. 12/5/1994, *Ganev, W.* 3244
   Abaíra: Vassouras, caminho para Tapera. 22/4/1994,

Ganev, W. 3097
   Barra da Estiva: Morro do Ouro. 19/7/1981, *Giulietti, A.M.* et al., J. in CFCR1312
   Caetité: Caminho para Licinio de Almeida 10/2/1997, *Saar, E.* et al., in PCD 5383
   Lençóis: Rio Mucugêzinho, próximo a BR-242. Em direção a Serra do Brejão. Próximo ao Morro Pai Inácio. 20/12/1984, *Mello-Silva, R.* et al., in CFCR7282
   Morro do Chapéu: Estrada do Feijão. 28/11/1980, *Furlan, A.* et al., in CFCR265
   Mucugê: Caminho para Abaíra 13/2/1997, *Atkins, S.* et al., PCD5587
   Palmeiras: Pai Inácio. 1/10/1995, *Guedes, M.L.* et al., in PCD 2107
   Palmeiras: Pai Inácio. 26/10/1994, *Carvalho, A.M.V.* et al., in PCD 1016
   Palmeiras: Pai Inácio-Norte. 27/12/1994, *Guedes, M.L.* et al., in PCD 1388
   Palmeiras: Serras dos Lençóis. Lower slopes of Morro do Pai Inácio, ca. 14.5 km. N.W. of Lençóis just N. of the main Seabra-Itaberaba road. 21/05/1980, *Harley, R.M.* et al., 22299
   Piatã: Estrada Piatã-Ribeirão. 1/11/1996, *Bautista, H.P.* et al., in PCD 3886
   Rio de Contas: Caminho para o mirante no cafezal. 19/3/2003, *Harley, R.M.* et al., in H54600
   Rio de Contas: On the road Abaíra ca. 8 km to N. of the Town of Rio de Contas, cut over woodland. 18/1/1972, *Harley, R.M.* et al., 15258
   Rio de Contas: Serra do Mato Grosso 3/2/1997, *Saar, E.* et al., in PCD 4972

Myrcia cf. mischophylla Kiaersk
Bahia
   Mucugê: Capão do Correa 17/4/2005, *Funch, L.S.* et al., 2066

Myrcia cf. mollis (Kunth) DC.
Pernambuco
   Unloc: Rio Preto. 9/1838, *Gardner, G.* 2867

Myrcia multiflora (Lam.) DC.
Bahia
   Abaíra: Brejo do Engenho. 30/12/1991, *Nic Lughadha, E.* et al., in H50572
   Abaíra: Estrada Engenho de Baixo – Márques. 2/12/1992, *Ganev, W.* 1604
   Abaíra: Jambeiro, próximo a Catolés. 10/9/1993, *Ganev, W.* 2217
   Abaíra: Jambeiro. 31/1/1994, *Ganev, W.* 2913
   Alcobaça: Rod. BA 001, trecho Alcobaça/Prado, a 5 km a NW de Alcobaça. 17/9/1978, *Mori, S.A.* et al., 10575; 10599
   Entre Rios: Estrada do Conde para Esplanda, 13,5 km do entrecamento em direção a Esplanada. 23/1/2004, *Stapf, M.N.S.* et al., 218
   Lençóis: Remanso/Maribus. 29/1/1997, *Stannard, B.* et al., in PCD 4620
   Uruçuca: Serra Grande, estrada Serra Grande-Ilhéus. 6/11/1991, *Amorim, A.M.* et al., 355
   Vitória: Inter Urbes Vitória et Bahia., Sellow, F., ISOTYPE, *Aulomyrcia polyantha* var. *parviflora*.

Ceará
Crato: 10/1838, *Gardner, G.* 1616, ISOTYPE, *Aulomyrcia sphaerocarpa* (DC.) O.Berg. var. *complicata* O.Berg.
Crato: 9/1838, *Gardner, G.* 1620, ISOSYNTYPE, *Aulomyrcia sphaerocarpa* (DC.) O.Berg. var. *ovata* O.Berg.
Crato: 9/1838, *Gardner, G.* 1622, ISOTYPE, *Aulomyrcia sphaerocarpa* (DC.) O.Berg. var. *pauciflora* O.Berg.
Crato: Floresta Nacional do Araripe. 16/2/1999, *Simon, M.F.* et al., 219
Piauí
Brasileira: Estrada para Piracuruça entrada a direita ca. De 10 km na estrada depois de Brasileira. 15/3/2005, 442
Paranaguá: 1841, *Gardner, G.* 2607, ISOTYPE, *Aulomyrcia caesia* O.Berg.

Myrcia mutabilis (O.Berg) N.Silveira
Bahia
Abaíra: Campo de Ouro Fino (baixo). 10/1/1992, *Harley, R.M.* et al., in H50746
Abaíra: Distrito de Catolés, Funil-próximo ao Rio da Água Suja. 16/12/1992, *Ganev, W.* 1653
Abaíra: Engenho dos Vieiras. 23/10/1992, *Ganev, W.* 1334
Abaíra: Estrada Engenho de Baixo-Marques. 2/12/1992, *Ganev, W.* 1609
Abaíra: Jambeiro, próximo a Catolés. 10/9/1993, *Ganev, W.* 2201
Abaíra: Riacho da Cruz-Catolés, acima da fonte do meio. 25/10/1993, *Ganev, W.* 2365
Abaíra: Samambaia, no Salao. Estrada Catolés – Barra de Catolés. 19/10/1992, *Ganev, W.* 1271
Andaraí: Nova Rodovia Andaraí/Mucugê (=Mucugê), a 15–20 km ao S de Andaraí. 21/12/1979, *Mori, S.A.* et al., 13120
Lençóis: Chapadinha. 26/4/1995, *Pereira, A.* et al., in PCD 1837
Piatà: Jambreiro, próximo a Catolés. 17/10/1992, *Ganev, W.* 1257
Rio de Contas: Between 2.5 and 5 km S of Vila do Rio de Contas on side road to W of Livramento, to Rio Brumado 28/3/1977, *Harley, R.M.* et al., 20114
Rio de Contas: Cachoeira da Fraga. 14/11/1996, *Hind, N.* et al., in PCD 4242
Rio de Contas: Cachoeira da Fraga do rio Brumado, arredores da cidade. Beira do rio 4/11/1988, *Harley, R.M.* et al., 25905
Rio de Contas: Pico das Almas. Vertente leste. Campo do Queiroz 3/11/1988, *Harley, R.M.* et al., 25887
Rio de Contas, Pico das Almas, Vertente leste. Campo do Queiroz. 23/3/1992, *Nic Lughadha, E.* et al., in H52840
Rio de Contas: Pico das Almas. Vertente leste. Estrada Faz.Brumadinho – Faz.Silvina 13/12/1988, *Harley, R.M.* et al., 27159
Rio de Contas: Pico das Almas. Vertente leste. Vale ao sudeste do Campo do Queiroz 30/11/1988, *Harley, R.M.* et al., 26526
Rio de Contas: Serra do Mato Grosso. 3/2/1997, *Guedes, M.L.* et al., in PCD 4967

Vitória da Conquista: Rod. BA-265, trecho Vitória da Conquista/Barra do Choca, a 9 km leste da primeira. 21/11/1978, *Mori, S.A.* et al., 11293

Myrcia ochroides O.Berg
Pernambuco
Unloc: Rio Preto.1841, *Gardner, G.* 2866, ISOTYPE, *Myrcia ochroides* O.Berg.

Myrcia palustris DC.
Bahia
Lençóis: Chapadinha. Grotoes com Mata Atlantica 27/02/1997, *França, F.* et al., 5899
Palmeiras: Pai Inácio. Morro do Pai Inácio. 23/11/1994, *Melo, E.* et al., 1303

Myrcia perforata O.Berg
Alagoas
Maçeió: 1838, *Gardner, G.* 1295, ISOTYPE, *Myrcia phaeoclada* O.Berg var. *alagoensis* O.Berg.

Myrcia pernambucensis O.Berg
Pernambuco
Unloc: *Martius, C.F.P. von*, ISOTYPE, *Myrcia pernambucensis* O.Berg

Myrcia polyantha DC.
Bahia
Unloc: In Brasiliae campestribus apricis desertis prov. Bahiensis.1827, *Martius, C.F.P. von* , ISOTYPE, *Myrcia polyantha* DC.

Myrcia pubescens DC.
Bahia
Jacobina: Serra da Jacobina, W of Estiva. 27/2/1974, *Harley, R.M.* et al., 16523
Jacobina: Serra do Tombador. 31/3/1996, *Giulietti, A.M.* et al., in PCD 2702
Lençóis: Serra da Chapadinha, ao longo do Córrego Chapadinha. 6/2/1995, *Giulietti, A.M.* et al., in PCD 1584
Lençóis: Serra da Chapadinha. 5/2/1995, *Giulietti, A.M.* et al., in PCD 1571
Lençóis: Serra da Chapadinha. Entre Chapadinha e Brejões. 21/2/1995, *França, F.* et al., M.Sena. in PCD 1630
Morro do Chapéu: 2/3/1997, *Nic Lughadha, E.* et al., in PCD 5958
Palmeiras: Pai Inácio. 23/11/1994, *Melo, E.* et al., in PCD 1303

Myrcia pulchra (O.Berg) Kiaersk
Bahia
Rio de Contas: 10–13 km ao norte da cidade na estrada para o povoado de Mato Grosso 27/10/1988, *Harley, R.M.* et al., 25678

Myrcia racemosa (O.Berg) Kiaersk.
Bahia
Camacan: Ramal para a Torre da Embratel na Serra Boa, ao N de São João da Panelinha. 6/4/1979, *Mori, S.A.* et al., 11706
Ilhéus: Ilhéus/Una highway, 1 km S of Rio Acuipe,

29 km S of Ilhéus. 7/7/1984, *Mori, S.A.* et al., 16606

Itacaré: 65 km NE of Itabuna, at mouth of the Rio de Contas, N bank opposite Itacaré. 30/1/1977, *Harley, R.M.* et al., 18404

Maraú: Ca. 20 km de Maraú para o Porto de Campinhos 22/5/1991, *Carvalho, A.M.V.* et al., 3265

Maraú: Maraú, Rodovia BR 030, trecho Porto de Caminhos-Maraú, km 11. 26/2/1980, *Carvalho, A.M.V.* et al., 192

Santa Cruz Cabrália: Antiga Rodovia que liga a Estação Ecológica Pau Brasil a Santa Cruz Cabrália, a 7 km ao NE da Estação. Ca. 12 km ao NW de Porto Seguro. 28/11/1979, *Mori, S.A.* et al., 13050

Santa Cruz Cabrália: Arredores da Estação Ecológica do Pau Brasil (ca. 17 km a W de Porto Seguro), estrada velha de Santa Cruz Cabrália, 4–6 km a E da sede da estação. 19/10/1978, *Mori, S.A.* et al., 10844

Santa Terenzinha: Serra da Jibola 19/7/2004, *Neves, M.L.C.* et al., 75

Una: Estrada que liga Sào José com Una, a 17 km da BR 101. Ca. de 45 km ao S de Itabuna. 2/6/1979, *Mori, S.A.* et al.,

Myrcia ramuliflora (O.Berg) N.Silveira
Bahia

Ilhéus: Moricand 1825

Itapoà: Regiào de dunes 3/1961, *Athayde. P.R.* RB109014

Salvador: 35 km NE of the city of Salvador, 3 km NE of Itapoà. 30/8/1978, *Morawetz, W.* 2830878

Myrcia reticulosa Miq.
Bahia

Unloc: 16 km. N. of Barra da Estiva on the ParÁguaçu road. 31/01/1974, *Harley, R.M.* et al., 15727

Abaíra: 4/1/1993, *Ganev, W.* 1775

Abaíra: Bicota, entre garimpo novo e Bicota. 21/12/1993, *Ganev, W.* 2691

Abaíra: Caminho Boa Vista-Riacho fundo pelo Toucinho. 27/1/1994, *Ganev, W.* 2882

Abaíra: Caminho Capào de Levi-Serrinha. 13/12/1993, *Ganev, W.* 2621

Abaíra: Catolés de Cima: Beira do Córrego do Bem Querer. 24/11/1992, *Ganev, W.* 1562

Abaíra: Estrada Catolés-Abaíra, próximo ao Lambedor. 26/12/1992, *Ganev, W.* 1745

Abaíra: Estrada nova Abaíra-Catolés 19/12/1991, *Harley, R.M.* et al., in H50125

Abaíra: Jambreiro. 31/1/1994, *Ganev, W.* 2910

Abaíra: Mata do Barbado 17/2/1992, *Harley, R.M.* et al., in H52102

Abaíra: Serrinha, caminho Samambaia-Serrinha. 5/2/1994, *Ganev, W.* 2946

Barra da Estiva: 6 km N of Barra da Estiva not far from Rio Preto. 28/1/1974, *Harley, R.M.* et al., 15520; 29/1/1974, Harley, R.M. 15639

Jacobina: prope villam Jacobina, in prov. Bahiensi. 5/1866, *Blanchet, J.S.* 3728, ISOTYPE, *Myrcia reticulosa* Miq.

Lago Encantada: 19 km NE of Ibicoara near Brejao. 1/2/1974, *Harley, R.M.* et al., 15778

Mucugê: Caminho para Abaíra. 13/2/1997, *Atkins, S.* in PCD 5576

Piatà: Estrada Piatà – Abaíra, c. 4 km de Piatà 23/12/1991, *Harley, R.M.* et al., in H50309

Piatà: Povoado da Tromba. 15/6/1992, *Ganev, W.* 489

Pindobaçu: Carnaiba, estrada Santa Terezinha – Carnaiba (Quati). 25/10/1993, *Ganev, W.* 2349

Myrcia richardiana (O.Berg) Kiaersk.
Bahia

Maraú: Coastal Zone. About 5 km North from turning to Maraú, along the Campinho road. 17/5/1980, *Harley, R.M.* et al., 22179

Maraú: Estrada Ubaituba/Ponta do Muta. 3/2/1983, *Carvalho, A.M.V.* et al., 1432

Myrcia rosangelae Nic Lugh.
Alagoas

Unloc: Near Maçeió 2/1838, *Gardner, G.* 1303

Unloc: Santo Antonio. 21/9/1954, Falcào et al., 1195, ISOTYPE, *Myrcia rosangelae* Nic Lugh.

Sergipe

Santa Luzia do Itanhy: Mata do Crasto. 15/3/1995, *Landim, M.F.* 237; 634

Myrcia rotundifolia (O.Berg) Kiaersk.
Alagoas

Maçeió: 2/1838, *Gardner, G.* 1300, ISOTYPE, *Aulomyrcia rotundifolia* O.Berg

Sergipe

Barra dos Coqueiros: km 1 da Rodovia SE 100. 27/1/1992, *Farney, C.* 2931

Myrcia rufipes DC.
Bahia

Ilhéus: Ramal no km da estrada Ilhéus/Olivença. 2 a 3 km ramal adentro. 11/2/1983, *Carvalho, A.M.V.* et al., 1627

Ribeira do Pombal: 24/2/2006, *Melo, E.* et al., 4264

Vitória da Conquista: Rod. BA-265, trecho Vitória da Conquista/Barra do Choça, a 9 km leste da primeira. 4/3/1978, *Mori, S.A.* et al., 9483

Myrcia salzmannii O.Berg
Bahia

in salubosis aridis., *Salzmann, P.*, ISOTYPE, *Myrcia salzmannii* O.Berg.

Camaçari: Arembepe. Condomingo Laguna 3/2/2006, Cardoso, D. et al., 1057

Ilhéus: Road from Olivença to Maruim, 6–8 km W de Olivença. 10/5/1981, *Mori, S.A.* et al., 13931

Maraú: 5 km SE of Maraú at junction with new road N to Ponta do Muta. 2/2/1977, *Harley, R.M.* et al., 18471; 18508

Maraú: Coastal Zone. ca. 5 km. SE of Maraú near junction with road to Campinho. 14/5/1980, *Harley, R.M.* et al., 22041

Maraú: Estrada que liga Ponta do Muta (Porto de Campinhos) a Maraú,a 8 km do Porto. 6/2/1979, *Mori, S.A.* et al., 11412

Maraú: km 5 da Rodovia Maraú/Ubaituba. 11/1/1988, Santos, E.B. dos 232

Salvador: 35 km NE of the city of Salvador, 3 km NE

of Itapoã. 5/9/1978, Morawetz, W. 1255978
Santa Cruz Cabrália: Antiga Rodovia que liga a
  Estação Ecológica Pau Brasil a Santa Cruz Cabrália,
  a 3 km ao NE da Estação. Ca. 12 km ao NW de
  Porto Seguro. 27/11/1979, *Mori, S.A.* et al., 13028
Una: entrada para a estrada de Rio das Pedras
  6/12/2006, *Lucas, E.J.* et al., 1090
Vera Cruz: Estrada para Baiacu. 5/4/2003, *Lopes, P.M.*
  et al., 4

Myrcia splendens (Sw.) DC.
Alagoas
  Maçeió: 1838, *Gardner, G.* 1296, ISOTYPE, *Myrcia
  alagoensis* O.Berg. var. *oblongata* O.Berg.
  Maçeió: Rio S. Francisco near Villa do Penedo.
  3/1838, *Gardner, G.* 1297, ISOTYPE, *Myrcia
  alagoensis* O.Berg. var. *intermedia* O.Berg.
  Maçeió: Rio S. Francisco near Villa do Penedo.
  3/1838, *Gardner, G.* 1298, ISOTYPE, *Myrcia
  alagoensis* O.Berg. var. *ovata* O.Berg.
  Penedo: Povoado de Marituba, Restinga a 600 m. do
  Povoado na Estrada de Piaçabuçu para Penedo
  26/1/1993, *Pirani, J.R.* et al., 2682
  Piaçabuçu: 3/1838, *Gardner, G.* 1299, ISOTYPE,
  Aulomyrcia alagoensis O.Berg.
Bahia
  Unloc: in prov. Bahiensis., Sellow, F. 148, ISOTYPE,
  Myrcia micrantha O.Berg.
  Unloc: in silvis ad fluvium PeruÁguazu prov.
  Bahiensis. [ParÁguaçu], Luschnath, B. 62
  Unloc: in silvis ad fluvium PeruÁguazu. [ParÁguaçu],
  Martius, C.F.P. von 688, SYNTYPE, *Myrcia costata*
  DC. var. *costata*
  Abaíra: Arredores de Catolés. 24/12/1991, *Harley,
  R.M.* et al., D.J.N. Hind, E Nic Lughadha, V.C.
  Souza, C.M. Sakuragui e W. Ganev. in H50323
  Abaíra: Arredores de Catolés. 24/12/1991, *Harley,
  R.M.* et al., D.J.N. Hind, E Nic Lughadha, V.C.
  Souza, C.M. Sakuragui e W. Ganev. in H50343
  Abaíra: Brejo do Engenho. 30/12/1991, *Nic
  Lughadha, E.* et al., D.J.N. Hind e H50555
  Abaíra: Caminho Catolés de Cima-Barbado, subida da
  Serra. 26/10/1992, *Ganev, W.* 1350
  Abaíra: Campo de Ouro Fino (baixo). 6/2/1992, *Nic
  Lughadha, E.* et al., *B. Stannard* e H51041
  Abaíra: Capão do criminoso 22/1/1994, *Ganev, W.*
  2851
  Abaíra: Catolés de Cima-Bem Querer. 5/7/1993,
  Ganev, W. 1781
  Abaíra: Engenho dos Vieiras. 23/10/1992, *Ganev, W.*
  1333
  Abaíra: Estrada Catolés-Abaíra, ca. 5 km de Catolés,
  mata do Engenho. 24/11/1992, *Ganev, W.* 1544
  Abaíra: Estrada nova Abaíra – Catolés, perto de São
  José. 28/12/1992, *Harley, R.M.* et al., in H50511
  Abaíra: Mata do Barbado 2/1/1992, *Nic Lughadha, E.*
  et al., in H50639
  Abaíra: Subida da Forquilha da Serra 23/12/1991,
  Hind, D.J.N. et al., in H50289
  Água Quente: Pico das Almas. Vertente norte. Vale
  acima da Faz.Silvina 22/12/1988, *Harley, R.M.* et
  al., 27343
  Alcobaça: Rod. Ba-001 (próximo ao entroncamento

com BR 255), a 5,5 km ao NW de Alcobaça.
  19/3/1978, *Mori, S.A.* et al., 9709
Andaraí: Caminho para antiga estrada para Xique-
  Xique do Igatu. 14/2/1997, *Guedes, M.L.* et al., in
  PCD 5620
Andaraí: Caminho para antiga para Xique-Xique do
  Igatu. 14/2/1997, *Stannard, B.* et al., in PCD 5628
Barra da Estiva: 6 km N of Barra da Estiva not far
  from Rio Preto. 29/1/1974, *Harley, R.M.* et al.,
  15664
Belmonte: 24 km Sw of Belmonte on road to Itapebi.
  24/3/1974, *Harley, R.M.* et al., 17347
Cabavieiras: Estrada que liga
  Cnavieriras/Pimenteiras/Ouricana/Sta Maria Eterna.
  Fazenda D'Areira. 26/8/1988, *Mattos Silva, L.A.* et
  al., 2623
Caetité: Caminho para Licinio de Almeida. 10/2/1997,
  Saar, E. et al., in PCD 5374
Cairu: Rod. Para Cairu ca. 15.5 km da BA-001.
  13/11/2004, *Paixão, J.L. da* et al., 334
Campo Formoso: Serra do Areiao 17/2/2006, *Souza,
  E.B.* et al., 1464
Campo formoso: Serra dos morgados 14/4/2006,
  Santos, V.J. 556; 575
Campo formoso: Tuitutiba (Socoto) 17/21/2006,
  França, F. et al., 5435
Corretina: Próximo ao Rio das Eguas, estrada de
  terra. 28/7/1989, *Pereira Neto, M.* et al., 389
Ilhéus: Estrada Ilhéus/Olivença, km 9 Cururupe
  29/11/1981, *Carvalho, A.M.V. de* 852
Ilhéus: Road from Olivença to Maruim, 6.1 km W of
  Olivença. 1/5/1992, *Thomas, W.W.* et al., 9063
Ipupiara: 15 km de Ipupiara para Mussambe.
  26/1/2001, *Saar, E.* et al., 53
Itabuna: estrada entre Ilhéus e Olivença 4/12/2006,
  Lucas, E.J. et al., 1005
Itacaré: 65 km NE of Itabuna, at mouth of the Rio de
  Contas, N bank opposite Itacaré. 30/1/1977,
  Harley, R.M. et al., 18409
Itacaré: estrada entre Itacaré e Ilhéus, perto da Casa
  da Empada 5/12/2006, *Lucas, E.J.* et al., 1060
Itacaré: Estrada Itacaré-Taboquinha, Marambaia.
  20/11/1991, *Amorim, A.M.* et al., 377
Itacaré: Fazenda do Boa Paz, trilha do Boa Paz
  5/12/2006, *Lucas, E.J.* et al., 1034
Itacaré: Rodovia Itacaré/Ubaitaba (BA 654), km. 12.
  Mata Atlantica. 18/4/1989, *Mattos Silva, L.A.* et al.,
  2699
Itacaré: Rodovia/Itacaré Ubaitube (BA 654), km 12.
  18/4/1989, *Mattos Silva, L.A.* et al., 2697
Itamaraju: Fazenda Pau-brasil Pedras. 5/12/1981,
  Carvalho, A.M.V. et al., 899
Itanagra: Road from Itanagra to Subauma, 8 km W of
  Itanagra. 26/5/1981, *Mori, S.A.* et al., 14112
Jacobina: Cachoeira de Itaitu. 30/3/1996, *Giulietti,
  A.M.* et al., in PCD 2676
Lençóis: 30/7/2008, Couto, A.P.L. 184
Lençóis: BR 242, entre km 224 e 228, a ca. 20 km ao
  NW de Lençóis. 2/11/1979, *Mori, S.A.* 12963
Lençóis: Chapadinha. 27/10/1994, *Carvalho, A.M.V.* et
  al., in PCD 1093
Lençóis: Entroncamento para entrada da Fazena
  Remanso. 28/10/1978, Martinelli, G. 5379

Lençóis: Serra de Chapadinha. Chapadinha.
23/2/1995, *Melo, E.* et al., in PCD 1715
Maraú: 5 km SE of Maraú at junction with new road
N to Ponta do Muta. 2/2/1977, *Harley, R.M.* et al.,
18502
Maraú: Coastal Zone. About 5 km North from turning
to Maraú, along the Campinho road. 17/5/1980,
Harley, R.M. et al., 22172
Maraú: Estrada para Porto de Campinhos. 7/1/1982,
Carvalho, A.M.V. et al., 1108
Maraú: Rod. BR 030, a 3 km ao S de Maraú.
7/2/1979, *Mori, S.A.* et al., 11464
Monte Santo: 20/2/1974, *Harley, R.M.* et al., 16435
Morro do Chapéu: Morro do Chapéu 5/5/2007,
Pastore, J.F.B. et al., 1932
Mucurí: Área de restinga com algumas manchas de
campos, a 7 km a NW de Mucurí. 14/9/1978, *Mori,
S.A.* et al., 10528
Olivença: a direita de estrada principal, c. 2 km a sul
de Olivença 4/12/2006, *Lucas, E.J.* et al., 992; 996
Palmeiras: Campos de Sào Joào 15/12/2002, *Funch,
L.S.* et al., 1536
Palmeiras: km. 232 da Rodovia BR 242 para
Ibotirama. Pai Inácio 18/12/1981, *Carvalho, A.M.V.
de* 973
Palmeiras: Pai Inácio. 27/12/1994, *Guedes, M.L.* et
al., in PCD 1309
Palmeiras: Serras dos Lençóis. 7 km NW of Lençóis,
3 km S if the main road. 23/5/1980, *Harley, R.M.*
et al., 22447
Palmeiras: Serras dos Lençóis. Lower slopes of Morro
do Pai Inácio ca. 14 km NW of Lençóis, just N of
the main Seabra – Itaberaba road. 22/5/1980,
Harley, R.M. et al., 22377
Pilào Arcado: Barra do Brejo, ca. 55 km de Pilào
Arcado na estrada para Brejo de Zacarias.
7/9/2005, *Queiroz, L.P. de* et al., 10902;
Porto Seguro: 6–7 km road Arraial D' Ajuda a
Trancoso 12/12/1991, *Sant'Ana, S.C. de* et al., 81; 83
Porto Seguro: Road Arraial d' Ajuda para Trancoso.
20/5/1982, *Carvalho, A.M.V.* et al., 1256
Riacho das Neves: 11 km N de Riacho das Neves BR
135 (estrada Formosa do Rio Preto-Barreiras).
11/10/1994, *Queiroz, L.P. de* et al., 4124
Rio de Contas: 12.7 km da cidade em linha reta, na
estrada de Rio de contas para Mato Grosso.
28/11/2004, *Harley, R.M.* et al., in H55250
Rio de Contas: 3, 75 km da cicade em linha reta, no
setor da Estrada Real, próximo ao entroncamento
com a estrada de Rio de Contas para Arapiranga.
27/11/2004, *Harley, R.M.* et al., in H55242
Rio de Contas: 7.94 km da cidade em linha reta, na
estrada de Rio de Contas para Grosso. 28/11/2004,
Harley, R.M. et al., H55247
Rio de Contas: About 3 km N of the town of Rio de
Contas, cut-over woodland by river. 21/1/1974,
Harley, R.M. et al., 15360
Rio de Contas: Na beira da estrada entre a cidade e
Marcolino Moura. Em linha reta 8,28 km de
Marcolino Moura e 5 km de Rio de Contas.
1/11/2004, *Harley, R.M.* et al., in H55187
Rio de Contas: Pico das Almas. Vertente leste.
Estrada Faz.Brumadinho – Faz.Silvina 23/12/1988,

Harley, R.M. et al., 27702
Rio de Contas: Pico das Almas. Vertente leste. Vale
acima da Faz. Silvina. 29/11/1988, *Harley, R.M.* et
al., 26673
Rio de Contas: Pico das Almas. Vertente leste. Entre
Junco-Faz.Brumadinho,9-14 km ao N-O da cidade
11/12/1988, *Harley, R.M.* et al., 27118
Rio de Contas: Serra das Almas, 25 km WNW of the
Vila do Rio de Contas. 19/3/1977, *Harley, R.M.* et
al., 19714
Rio de Contas: Serra das Almas, 5 km NW de Rio de
Contas 21/3/1980, *Mori, S.A.* et al., 13507
Santa Cruz Cabrália: 2–4 km a W de Santa Cruz
Cabrália, pela estrada antiga. 21/10/1979, *Mori, S.A.*
et al., 10902
Santa Terezinha: Serra da Jiboia 2/12/2004, *Neves,
M.L.C.* et al., 104
Santa Terezinha: Serra da Jiboia. 25/2/1997, *Soffiati,
P.* et al., in PCD 5866
São Desiderio: Chapada do São Francisco. Estrada da
terra entre Roda Velha e Estiva 7/11/1997, *Oliveira,
F.C.A* et al., 867
Saude: Caminho para cachoeira do Paiaio. 7/4/1996,
Guedes, M.L. et al., in PCD 2907
Senhor do Bonfim: Serra de Santana. 26/12/1984,
Harley, R.M. et al., in CFCR7641
Taperoá: Road Taperoa-Valenca, km 13 towards
Serapel. 10/12/1980, *Hage, J.L.* et al., 429
Una: Reserva Biologica do Mico-Leào (IBAMA).
28/11/1993, *Amorim, A.M.* et al., 1576
Vitória da Conquista: Rod. BA-265, trecho Vitória da
Conquista/Barra do Choça, a 9 km leste da
primeira. 4/3/1978, *Mori, S.A.* et al., 9442; 9456
Ceará
Unloc: 12/1838, *Gardner, G.* 1953
Unloc: Serra do Araripe. 10/1838, *Gardner, G.* 1618
Unloc: Serra do Araripe. 9/1838, *Gardner, G.* 1619,
ISOTYPE, *Myrcia ciarensis* O.Berg.
Unloc: Serra do Araripe. 9/1838, *Gardner, G.* 1624,
ISOTYPE, *Myrcia acutiloba* O.Berg.
Unloc: Vila Rica 10/1824, *Riedel, L.* 509
Paraíba
Areia: Mata de Pau Ferro. 22/11/1980, *Fevereiro,
V.P.B.* et al., in M92; 28/11/1980, inM133
João Pessoa: Cidade Universitaria, 6 km Sudeste do
centro de João Pessoa. 26/11/1991, *Agra, M.F.*
1334
Piauí
Unloc: 1841, *Gardner, G.* 2605, ISOTYPE, *Myrcia
gardneriana* O.Berg.
Paranaguá: 9/1839, *Gardner, G.* 2606, ISOTYPE,
Myrcia acutata O.Berg.
Terezina: Arredore de Terezina proximo ao estadio
Alberto 27/7/1979, *Chagas e Silva, F.* 49

Myrcia springiana (O.Berg) Kiaersk.
Bahia
Unloc: 13 km North along road from Una to Ilhéus.
23/1/1977, *Harley, R.M.* et al., 18176
Unloc: Bahia; in convallibus, *Salzmann, P.* Uruçuca:
7.3 km N of Serra Grande on raod to Itacaré.
7/5/1992, *Thomas, W.W.* et al., 9209
Uruçuca: 7.3 km N of Serra Grande on road to

Itacaré. Atlantic coastal forest, study site revisited.
6/5/1992, *Thomas, W.W.* et al., 9173

Uruçuca: Nova estrada que liga Uruçuca a Serra
Grande, a 28–30 km de Uruçuca. 1/5/1979, *Mori,
S.A.* 11752

Uruçuca: Uruçuca, Distrito de Serra Grande. 7.3 km
na estrada Serra Grande/Itacaré, Fazenda Lagoa do
conjunto Fazenda Santa Cruz. 7/1991, *Carvalho,
A.M.V.* et al., 3450

Myrcia stigmatosa O.Berg
Bahia
Ilhéus: Castel1822, *Riedel, L.* 689, ISOTYPE, *Myrcia
stigmatosa* O.Berg

Myrcia subcordata DC.
Bahia
Correntina: Fazenda Jatobá. 19/9/1991, *Machado,
J.W.B.* et al., 312

Myrcia sylvatica (G.Mey.) DC.
Alagoas
Maceió: 2/1838, *Gardner, G.* 1304, ISOSYNTYPE,
Myrcia ambigua DC. var. *pauciflora* O.Berg
Bahia
Unloc: Sellow, F. 141
Unloc: in collibus., *Salzmann, P.*
Amargosa: Serra do Timbo, Mata do Centro Sapucaia
11/5/2007, *Paixão, J.L.* et al., 1229
Amargosa: Serra do Timbo, Duas Barras,Mata do
centro Sapucaia, Área 07, frente a Fazenda de
Gilson. 17/3/2007, *Paixão, J.L.* 1104
Andaraí: Nova Rodovia Andaraí/Mucugê (=Mucugê),
a 15–20 km ao S de Andaraí. 21/12/1979, *Mori,
S.A.* et al., 13118
Belmonte: 24 km Sw of Belmonte on road to Itapebi.
24/3/1974, *Harley, R.M.* et al., 17349
Campo formoso: Pocos, direção a Lagoa Grande
29/10/2005, *Souza-Silva, R.F.* et al., 99
Castro Alves: Serra da Jiboia (=Serra da Pioneira).
8/12/1992, *Queiroz, L.P. de* et al., 2958
Ilhéus: estrada entre Olivença e Vila Brasil, 3 km de
Olivença 6/12/2006, *Lucas, E.J.* et al., 1071
Itabuna: Ca. 10 km S de Pontal (Ilhéus), camino a
Olivença, local de extraccion de arena. 4/12/1992,
Arbo, M.M. et al., 5555
Itacaré: Ramal da Barragem. 17/10/1968, *Almeida, J.*
et al., 168
Jacobina: *Blanchet, J.S.* 3586, ISOSYNTYPE, *Myrcia
ambigua* DC. var. *silvatica* O.Berg
Jacobina: 31/3/1996, *Guedes, M.L.* et al., in PCD 2718
Maracás: 8 a 18 km ao S de Maracás, pela antiga
Rodovia para Jequié. Capoeira de Mata de Cipo.
15/02/1979, *Santos, T.S. dos* et al., 3453
Mucugê: 8 km SW of Mucugê, on road from Cascavel
near Fazenda ParÁguaçu. 6/2/1974, *Harley, R.M.* et
al., 16063
Mucugê: A 6 km ao SW de Mucugê. 4/3/1980, *Mori,
S.A.* et al., 13408
Palmeiras: Pai Inácio. 27/12/1994, *Guedes, M.L.* et al.,
in PCD 1387
Porto Seguro: km 10 a 15 da Br-367, Porto Seguro
para Eunapolis. 10/10/1973, *Euponino, A.* 317

Ceará
Unloc: Chapada do Araripe. 29/8/1971, *Gifford, D.R.*
et al., G299
Unloc: Serra do Araripe 10/1838, *Gardner, G.* 1623,
ISOSYNTYPE, *Myrcia ambigua* DC. var. *pauciflora*
O.Berg
Paraíba
Areia: Mata de Pau Ferro. 2/10/1980, *Fevereiro, V.P.B.*
et al., inM45
João Pessoa: Nativa no Horto Florestal General
Mindelo. 20/2/1962, *Mattos, J.R.* et al., 9720
Pernambuco
Unloc: 10/1837, *Gardner, G.* 1011
Goiana: Entre Goiana e Itambe. 20/2/1962, *Mattos,
J.R.* et al., 9826

Myrcia tenuifolia (DC.) Sobral
Bahia
Ilhéus: *Blanchet, J.S.* 2321, ISOTYPE, *Aulomyrcia
tenuifolia* O.Berg.

Myrcia thyrsoidea O.Berg
Bahia
Una: 2 km SW da sede do municipio. Entrada para o
distrito de Pedras. 26/5/1991, *Carvalho, A.M.V.* et
al., 3283; 22/2/1992. 3820
Una: entrada para a estrada de Rio das Pedras
6/12/2006, *Lucas, E.J.* et al., 1089; 1095

Myrcia tijucensis Kiearsk.
Bahia
Almadina: Rod. Almadina/Ititupa 7 km, Serra dos
Sete-Paus, 12 km de estrada. 17/8/1997, *Paixão,
J.L. da* et al., 16

Myrcia tomentosa (Aubl.) DC.
Alagoas
Piaçabuçu: Beirada da macaranduba. 19/10/1988,
Moreira, I.S. et al., 173
Bahia
Unloc: Between Alcobaça and Caravelas on BA 001
highway. 23 km S. of Alcobaça. 17/1/1977, *Harley,
R.M.* et al., 18028
Unloc: in collibus., *Salzmann, P.* s.n.
Unloc: Sabara, *Riedel, L.* 635
Unloc: Serra do Açuruá.1838, *Blanchet, J.S.* 2786,
ISOSYNTYPE, *Aulomyrcia lancea* O.Berg
Unloc: Villa do Berra1849, *Blanchet, J.S.* 3145
Abaíra: Brejo do Engenho 30/12/1991, *Nic Lughadha,
E.* et al., in H50553
Abaíra: Caminho Engenho-Tromba, próximo a casa
de Niquinha. 12/9/1992, *Ganev, W.* 1081
Abaíra: Catolés de Cima, Brejo de Altino. 31/10/1993,
Ganev, W. 2378; 3/11/1993, 2385; 2388
Abaíra: Catolés de Cima, Mendonça de Daniel Abreu,
a 3 km de Catolés. 15/10/1992, *Ganev, W.* 1229
Abaíra: Catolés de Cima: Beira do Córrego do Bem
Querer. 26/9/1992, *Ganev, W.* 1565
Abaíra: Engenho do Vieiras, Estrada Catolés-Catolés
de Cima. 20/9/1992, *Ganev, W.* 1532
Abaíra: Estrada Catolés – Ribeirão, próximo ao
Mendonça, ca. 3 km de Catolés. 24/10/1992,
Ganev, W. 1338

Abaíra: Jambeiro, próximo a Catolés. 10/9/1993, *Ganev, W.* 2218

Abaíra: Jambreiro-Belo Horizonte. 23/10/1993, *Ganev, W.* 2288

Abaíra: Marques, caminho ligando Marques, a estrada velha da Furna. 6/11/1993, *Ganev, W.* 2429

Alcobaça: On the coast road between Alcobaça and Prado, 10 km NW of Alcobaça and 4 km N along road from the Rio Itanhentinga. 15/1/1977, *Harley, R.M.* et al., 17943

Campo Formoso: Serra dos morgados 14/4/2006, *Santos, V.J.* 537

Coração de Maria: ca. 10 km W de Coração de Maria, camino a Feira de Santana. 2/12/1992, *Arbo, M.M.* et al., 5521

Jacobina: [Gardner] 3145

Jacobina: et ad villam Jacobina ejusdem prov. 5/1866, *Blanchet, J.S.* 3369, ISOSYNTYPE, *Aulomyrcia rosulans* O.Berg.

Maracás: 1906, *Ule, E.* 6977

Morro do Chapéu: Entrada da estrada para o "Morrao" (Morro do Chapéu). 28/01/2005, *Paula-Souza, J.* et al., 4956

Mucugê: Estrada Mucugê-Guiné, a 5 km de Mucugê. 7/9/1981, *Furlan, A.* et al., in CFCR1968

Mucugê: Passagem Funda, na estrada Mucugê-Cascave km passando fazendas. 17/7/1996, *Bautista, H.P.* et al., in PCD 3713

Palmeiras: Entre Palmeiras e Lençóis. 14/9/1956, *Pereira, E.* 2173

Palmeiras: Estrada para o povoado de Cercado. 29/01/2005, *Paula-Souza, J.* et al., 4973

Piatã: Cabrália-26 km em direção a Piatã. 5/9/1996, *Harley, R.M.* et al., 28269

Piatã: Estrada Catolés-Inúbia, ca. 4 km de Inúbia. 8/9/1992, *Ganev, W.* 1026

Rio de Contas: 9 km ao norte da cidade na estrada para o povoado de Mato Grosso 26/10/1988, *Harley, R.M.* et al., 25649

Rio de Contas: a 1 km da cidade na entrada para Marcelino Moura 9/9/1981, *Pirani, J.R.* et al., in CFCR2167

Rio de Contas: Pico das Almas. Vertente leste. 13–14 km ao N-O da cidade 28/10/1988, *Harley, R.M.* et al., 25728

Rio de Contas: Pico das Almas. Vertente leste. Campo do Queiroz 3/11/1988, *Harley, R.M.* et al.,

Rio de Contas:Pico das Almas. Vertente leste. Campo e mata ao NW do Campo do Queiroz 26/11/1988, *Harley, R.M.* et al., 26612

Rio de Contas: Pico das Almas. Vertente leste. Vale a sudeste do Campo do Queiroz 3/12/1988, *Harley, R.M.* et al., 26580

Rio de Contas: Samambaia. 23/8/1993, *Ganev, W.* 2095

Santo Amaro: Rain forest on hills 10 km W of Santo Amaro towards Cachoeira. 22/11/1986, *Webster, G.L.* et al., 25822

São Vicente Ferrer: Mata do Estado. 8/1/1996, *Silva, L.F.* et al., 122

Una: Estrada Ilhéus/Una, km 27 do S de Olivença 2/12/1981, *Carvalho, A.M.V. de* 859

Una: Próximo a Reserva Biologica de Una (IBAMA) 28/12/2005, *Conceição, S.F.* et al., 469

Ceará

Crato: 10/1838, *Gardner, G.* 1613, ISOSYNTYPE, *Aulomyrcia alloiota* O.Berg. var. *cuneata*

Crato: 10/1838, *Gardner, G.* 1614, ISOTYPE, *Aulomyrcia prunifolia* O.Berg. var. *longipes*

Pernambuco

Unloc: Rio Preto. 9/1839, *Gardner, G.* 2869

Piauí

Unloc: 9/1839, *Gardner, G.* 2870

Unloc: Gurgeia. 8/1839, *Gardner, G.* 2608

Unloc: Gurgeia. 8/1839, *Gardner, G.* 2613, ISOSYNTYPE, *Aulomyrcia rosulans* O.Berg.

Unloc: Rio Preto. 9/1829, *Gardner, G.* 2865

Paranaguá: 9/1839, *Gardner, G.* 2609

Paranaguá: 9/1839, *Gardner, G.* 2611, ISOTYPE, *Aulomyrcia piauhiensis* O.Berg

Myrcia variabilis DC.

Bahia

Barreiras: Rodovia Barreiras-Brasilia km 90. 8/7/1983, *Coradin, L.* et al., 7414

Tucano: 7–10 km along road Tucano para Ribeira do Pombal. 21/3/1992, *Carvalho, A.M.V. de* 3887

Myrcia venulosa DC.

Bahia

Abaíra.: Ao oeste de Catolés, perto do Catolés de Cima, nas vertentes das serras 26/12/1988, *Harley, R.M.* et al., 27819

Abaíra: Belo Horizonte, acima do Jambreiro, próximo a Serra do Sumbaré. 26/10/1992, *Ganev, W.* 1371

Abaíra: Bem Querer. 19/12/1991, *Nic Lughadha, E.* et al., in H50208

Abaíra: Caminho Bicota-Serrinha. 18/9/1992, *Ganev, W.* 1499

Abaíra: Caminho Jambreiro – Belo Horizonte. 16/12/1992, *Ganev, W.* 1656

Abaíra: Campo de Ouro Fino (alto). 26/1/1992, *Nic Lughadha, E.* et al., in H51021

Abaíra: Campo de Ouro Fino (alto). 26/1/1992, *Pirani, J.R.* et al., in H51018

Abaíra: Campo de Ouro Fino (alto). 28/1/1992, *Stannard, B.* et al., in H50851

Abaíra: Campo de Ouro Fino (baixo). 10/1/1992, *Harley, R.M.* et al., in H50745

Abaíra: Campo Ouro Fino (baixo). 31/12/1991, *Harley, R.M.* et al., Ein H50607

Abaíra: Campos do Virassaia. 30/12/1993, *Ganev, W.* 2747

Abaíra: Serra ao Sul do Riacho da Taquara. 10/1/1992, *Harley, R.M.* et al., in H51251

Abaíra: Serra dos Frios. 12/11/1993, *Ganev, W.* 2475

Abaíra: Topo da subida da Serra do Atalho. 29/11/1992, *Ganev, W.* 1592

Água Quente: Pico das Almas.Vertente oeste.Entre Paramirim das Crioulas e a face NNW do pico 16/12/1988, *Harley, R.M.* et al., 27505

Andaraí: 10 km S of Andaraí on the road to Mucugê. 16/2/1977, *Harley, R.M.* et al., 18764

Andaraí: Caminho para antiga estrada para Xique-Xique do Igatu. 14/02/1997, *Guedes, M.L.* et al., 5617

Lençóis: Chapadinha, margem do corrégo de água doce. 26/4/1995, *Pereira, A.* et al., in PCD 1838

Maraú: Ca. 20 km de Maraú para o Porto de
Campinhos 22/5/1991, *Carvalho, A.M.V.* et al., 3266

Maraú: Rod. Ubaitaba/Campinhos, (Ponta do Muta),
km 75. 8/6/1987, *Mattos Silva, L.A.* et al., 2201

Mucugê: Between Igatu and Mucugê. 24/1/1980,
Harley, R.M. et al., 20566

Mucugê: Caminho para Guiné. 15/2/1997, *Saar, E.* et
al., in PCD 5704

Palmeiras: Pai Inácio 28/2/1997, *França, F.* et al., in
PCD 5913

Palmeiras: Pai Inácio. Br 242, km 232, a ca. de 15 km
NE de Palmeiras. 31/10/1979, *Mori, S.A.* 12922

Piatã: Jambreiro-Cravada, Serra do Atalho. 6/12/1992,
Ganev, W. 1650

Rio de Contas: 10 km N of town of Rio de Contas on
road to Mato Grosso. 19/1/1974, *Harley, R.M.* et al.,
15276

Rio de Contas: About 3 km N of the town of Rio de
Contas. 21/1/1974, *Harley, R.M.* et al., 15363

Rio de Contas: Beira da estrada entre a cidade e o
Pico das Almas, perto da entrada para a Fazenda
Vacaro. 4/1/2003, *Harley, R.M.* et al., in H54556

Rio de Contas: Fazenda Fiuza. 4/2/1997, *Passos, L.* et
al., in PCD 5034

Rio de Contas: Pico das Almas 21/2/1987, *Harley,
R.M.* et al., in24551

Rio de Contas: Pico das Almas. Vertente leste. Subida
do pico do Campo do Queiroz 12/11/1988, *Harley,
R.M.* et al., 26433

Rio de Contas: Pico das Almas. Vertente leste. Trilha
Faz.Silvina – Campo do Queiroz 13/12/1988,
Harley, R.M. et al., 27168

Rio de Contas: Pico das Almas.Vertente leste.Entre
Junco-Faz.Brumadinho, 9–14 km ao N-O da cidade
11/12/1988, *Harley, R.M.* et al., 27111

Rio de Contas: Serra das Almas. 10 km ao NW de Rio
de Contas 22/3/1980, *Mori, S.A.* et al., 13570

Rio de Contas: Serra das Almas. 5 km ao NW de Rio
de Contas 21/3/1980, *Mori, S.A.* et al., 13522

Serra do Lençóis: Serra da Larguinha, 2 km NE od
Caete-Acu. 25/5/1980, *Harley, R.M.* et al., 22572

Serra do Lençóis: Serra da Larguinha, 2 km NE od
Caete-Acu. 25/5/1980, *Harley, R.M.* et al., in
PCD22586

Myrcia cf. *virgata* Cambess.
Bahia
Andaraí: South of Andaraí, along road to Mucugê
near small town of Xique-Xique. 14/2/1977, *Harley,
R.M.* et al., 18675

Myrcia vittoriana Kiaersk.
Bahia
Unloc: Coastal Zone. ca. 5 km. SE of Maraú near
junction with road to Campinho. 14/5/1980,
Harley, R.M. et al., 22043

Alcobaça: On the coast road between Alcobaça and
Prado, 10 km NW of Alcobaça and 4 km N along
road from the Rio Itanhentinga. 15/1/1977, *Harley,
R.M.* et al., 17947

Alcobaça: Rod. BA 001, a 5 km ao Sul de Alcobaça.
17/3/1978, *Mori, S.A.* et al., 9613

Ilhéus: Road from Ilhéus to Serra Grande, 11.3 km N

of the Itaipe bridge leaving Ilhéus. 5/5/1992,
Thomas, W.W. et al., 9137

Ilhéus: Road from Olivença to Maruim, 5 km W of
Olivença. 1/2/1992, *Thomas, W.W.* 8993

Ilhéus: Road from Olivença to Maruim, 6.1 km W of
Olivença. Forest on N side of road. 1/5/1992,
Thomas, W.W. 9044

Maraú: Coastal Zone. About 5 km North from turning
to Maraú, along the Campinho road. 17/5/1980,
Harley, R.M. et al., 22178

Maraú: Maraú, Rodovia BR 030, trecho Ubaitaba-
Maraú, a 45 km de Ubaitaba. 25/2/1980, *Carvalho,
A.M.V. de* 170

Maraú: Rod. BR 030, trecho Ubaitaba/Maraú, 45–50
km a leste de Ubaitaba. 12/6/1979, *Mori, S.A.* et al.,
11960

Mucugê: Estrada Mucugê-Andaraí, a 3–5 km N de
Mucugê. 21/02/1994, *Harley, R.M.* et al., in14325

Una: Estrada Olivença/Una, a 26 km ao S de
Olivença. 31/12/1979, *Mori, S.A.* et al., 13267

Pernambuco
Unloc: Recife, Dois Irmaos, ao lado da BR 101.
13/10/1967, *Andrade-Lima* 67-5080

Myrcia spp.
Alagoas
Maceió: 2/1838, *Gardner, G.* 1313
Bahia
Unloc: 20 km N along road from Una to Iheus.
23/1/1977, *Harley, R.M.* et al., 18204

Unloc: 7 km N de Mucuge. 9/11/1988, *Kral, R.* et al.,
75641

Unloc: Ramal a esquerda na estrada Ubaitaba/Itacaré,
a 4 km do loteamento da Marambaia. 20/11/1991,
Amorim, A.M. 459

Abaíra: Mata do Barbado. 2/1/1992, *Nic Lughadha, E.*
et al., in H50636; H50637

Alcobaça: Rod. BA 001, a 5 km ao Sul de Alcobaça.
17/3/1978, *Mori, S.A.* et al., 9621

Barreiras: 13 km N do entroncamento da BR242 para
a Cachoeira do Acaba-vida. 1/11/1987, *Queiroz,
L.P. de* 2045

Barreiras: 33 km W da cidade de Barreieras.
1/11/1987, *Queiroz, L.P. de* 2011

Belmonte: 25 km SW of the city. 6/1/1981, *Carvalho,
A.M.V.* et al., 432

Conde: BA 233 entre Conde e Esplanada. 23/1/2004,
Harley, R.M. et al., in H54707

Correntina: Fazenda do Sr Edgard. 17/10/1989,
Mendonça, R.C. et al., 1537; 1543

Correntina: Fazenda Jatoba. Sudoeste do municipio,
próximo a divisa GO/BA; distante
aproximadamente 40 km de Posse/GO.
22/10/1993, *Walter, B.M.T.* et al., 2080

Euriapolis: Euriapolis 16/10/1994, Ribeiro, A.J. 428

Formosa de Rio Preto: 40 km W do entroncamento
com BR-135, na estrada para Guaribas. 14/10/1994,
Queiroz, L.P. de et al., 4159

Ilhéus: km 6 Rod. Olivença/Povoado de Vila-Brasil.
7/11/1980, *Mattos Silva, L.A.* et al., 1236

Itabuna: CEPLAC; Exploration of new Brasilian
Highways. low ground in cocoa plantation.
9/7/1964, *Silva, N.T.* et al., 58321

Itacaré: Caminho para Piracanga, apos a travessia da baisa 17/3/2006, *Carvalho-Sobrinho, J.G.de* et al., 763

Itapebi: Rod. Ventania-Itapobi. 8/11/1967, *Pinheiro, R.S.* et al., 381

Lençóis: Morro da Chapadinha. Chapadinha. 22/11/1994, *Melo, E.* et al., in PCD 1251

Lençóis: Mucugêzinho, km 220 da rod. BR 242. 21/12/1981, *Carvalho, A.M.V.* et al., 1059

Maraú: Maraú, Rodovia BR 030, trecho Porto de Caminhos-Maraú, km 11. 26/2/1980, *Carvalho, A.M.V. de* 181

Morro do Chapéu: Estrada do Prefeito para Brejões 2/12/2006, *França, F.* et al., 5576

Mucugê: Parque Nacional da Chapada Diamantina, Serra do Esbarrancado. 17/4/2005, *Cardos, D.* et al., 440

Olivença: Estrada de Bom Gosto a Olivença. 15/3/1943, *Lemos Froes, R.* 19934

Palmeiras: Pai Inácio. 27/12/1994, *Guedes, M.L.* et al., in PCD 1403

Rio de Contas: 7 km da cidade, em direção ao vilarejo de Bananal. 5/3/1994, *Roque, N.* et al., in CFCR14892

Salvador: Coastal dunes 2 km N of town of Itapoã. 9/4/1980, *Plowman, T.C.* et al., 10053

Santa Cruz Cabrália: Rodovia Porto Seguro/Santa Cruz Cabrália, a 13 km ao N de Porto Seguro. 6/4/1979, *Mori, S.A.* et al., 11665

Paraíba

Santa Rita: Estrada para Joào Pessoa. 9/1/1981, *Fevereiro, V.P.B.* et al., inM503

Pernambuco

Unloc: 1838, *Gardner, G.*

Jatauba: Fazenda Balame Brejo de altitude, Mata Serrana. 3/4/1995, *Moura, F.* 141; 26/10/1995, *Moura, F.* 311

cf. *Myrcianthes*

Bahia

Mucugê: 6/12/1980, *Furlan, A.* et al., in CFCR432

Mucugê: Beira da estrada para Andaraí a ca. de 2 km. 16/12/1979, *Lewis, G.P.* et al., in CFCR7031

Mucugê: Between 10 and 15 km N of Mucugê on road to Andaraí. 18/2/1977, *Harley, R.M.* et al., 18868

Mucugê: By Rio Cumbuca about 3 km N of Mucugê on the Andaraí road. 5/2/1974, *Harley, R.M.* et al., 15988

Mucugê: Estrada nova Andaraí-Mucugê, entre 11–13 km de Mucugê. 8/9/1981, *Furlan, A.* et al., in CFCR1570

Mucugê: Estrada nova Andaraí-Mucugê, entre 11–13 km de Mucugê. 8/9/1981, *Pirani, J.R.* et al., in CFCR2135

Mucugê: Serra de Sào Pedro. 17/12/1984, *Lewis, G.P.* et al., in CFCR7046

Mucugê: Serra do Sincorá, ca. 15 km NW of Mucugê on the road to Guiné & Palmeiras. 26/3/1980, *Harley, R.M.* et al., 20977

Myrciaria cuspidata O.Berg

Bahia

Abaíra: Brejo do Engenho. 30/12/1991, *Nic*

Lughadha, E. et al., in H50570; 30/3/1992, in H53361

Abaíra: Cafundó. 12/3/1992, *Stannard, B.* et al., in H51882

Abaíra: Estrada Catolés-Ribeirào Mendonça de Daniel Abreu a 3 km de Catolés. 2/4/1992, *Ganev, W.* 8

Abaíra: Garimpo do Engenho. 26/2/1992, *Stannard, B.* et al., in H51617

Abaíra: Riacho da Cruz. 3/3/1992, *Stannard, B.* et al., in H51723

Myrciaria ferruginea O.Berg

Bahia

Itamaraju: C. 5 km a W de Itamaraju 20/9/1978, *Mori, S.A.* et al., 10733

Myrciaria floribunda (West ex Willd.) O.Berg

Alagoas

Penedo: Povoado de Marituba, Restinga a 600 m. do Povoado na Estrada de Piaçabuçu para Penedo 26/1/1993, *Pirani, J.R.* et al., 2685

Bahia

Unloc: in sabulosis aridis prov. Bahiensis., *Salzmann, P.*, ISOSYNTYPE, *Myrciaria splendens* O.Berg.

Abaíra: Brejo do Engenho. 27/12/1992, *Hind, D.J.N.* et al., H50472

Camacan: Rodovia Camacan-Canavieiras. 11/4/1965, Belém, *R.P.* et al., 782

Lençóis: 2–5 km N of Lençóis on trail to Barro Branco. 11/6/1981, *Mori, S.A.* et al., 14333

Maraú: Estrada que liga Ponta do Muta (Porto de Campinhos) a Maraú, a 8 km do Porto. 6/2/1979, *Mori, S.A.* et al., 11416

Maraú: Maraú, Rodovia BR 030, trecho Porto de Caminhos-Maraú, km 11. 26/2/1980, *Carvalho, A.M.V.* et al., 176

Rio de Contas: Serra do Tombador 2/7/1996, *Harley, R.M.* et al., in PCD 3297

Salvador: Along road (Av. Otavio Mangabeira = BA-033) from Itapoà to Aeroporto 2 de Julho at first large traffic circle (intersection with Av. Luiz Viana Filho). 27/1/1983, *Plowman, T.C.* 12767

Tucano: 27/5/1981, *Gonçalves, L.M.C.* 102

Myrciaria strigipes O.Berg

Bahia

Mucurí: Arredores. 8/11/1986, *Hatschbach, G.* et al., 50734

Nova Viçosa: Arredores. 18/6/1985, *Hatschbach, G.* et al., 49454

Prado: Estrada Prado/Cumuruxatiba, margeando o litoral. Ramal com entrada a 7 km ao N de Prado, lado esquerdo 30/3/1989, *Mattos Silva, L.A.* et al., 2661

Myrciaria cf. *strigipes* O.Berg

Bahia

Abaíra: Arredores de Catolés. 24/12/1991, *Harley, R.M.* et al., in H50332

Abaíra: Brejo do Engenho. 27/12/1992, *Hind, D.J.N.* et al., in H50471

Abaíra: Serra do Atalho. Complexo Serra da Tromba. 18/4/1994, *Melo, E.* et al., 989

Myrciaria tenella (DC.) O.Berg.
Bahia
  Unloc: in deserto inter S.Anna et S.Antonio das
    Queimadas supra saxa granitica arita aprica in
    prov. Bahiensis., *Martius, C.F.P. von*, ISOTYPE,
    Eugenia tenella DC.
  Ilhéus: *Blanchet, J.S.* 1804

Myrciaria spp.
Bahia
  Abaíra: Campos do Virassaia. 30/12/1994, *Ganev, W.*
    2742
  Abaíra: Catolés de Cima, início da subida do
    Barbado, caminho Catolés de Cima-Contagem.
    27/4/1994, *Ganev, W.*
  Abaíra: Engenho de Baixo, acima da Ponte do
    Engenho-Tromba. 8/8/1992, *Ganev, W.* 814
  Itabuna: Região do Rio Una. 11/1942, *Lemos Froes, R.*
    20050
  Lençóis: Caminho para Mata de Remanso. 30/1/1997,
    Atkins, S. et al., in PCD 4707
  Lençóis: Remanso/Maribus. 29/1/1997, *Atkins, S.* et
    al., in PCD 4667
  Lençóis: Remanso/Maribus. 29/1/1997, *Stannard, B.*
    et al., in PCD 4639; PCD 4640
Piauí
  Unloc: 1841, *Gardner, G.* 2868

Neomitranthes langsdorffii (O.Berg) Mattos
Bahia
  Ajuda: Entre Ajuda e Porto Seguro. 29/8/1961,
    Duarte, A.P. 6058

Neomitranthes obscura (DC.) Legrand
Bahia
  Santa Terezinha: Ca. 5 km W da estrada Santa
    Terezinha-Itatim, em uma estrada vicinal distando
    ca. 14 km E de Itatim. 26/4/1994, *Queiroz, L.P. de*
    et al., 3859

Neomitranthes warmingiana (Kiaersk.) Mattos
Bahia
  Belmonte: Ramal para Rio Ubu. 27/9/1979, *Mattos
    Silva, L.A.* et al., 614

Pimenta pseudocaryophyllus (Gomes) Landrum
Bahia
  Caetité: Serra Geral de Caetité. 8.5 km N of
    Brejinhos das Ametistas. 12/4/1980, *Harley, R.M.*
    et al., 21275

Plinia callosa Sobral
Bahia
  Uruçuca: Distrito de Serra Grande, 7.3 km na estrada.
    7/9/1991, *Carvalho, A.M.V.* et al., 3675

Plinia edulis (Vell.) Sobral
Bahia
  Uruçuca: Distrito de Serra Grande. 7.3 km na estrada
    Serra Grande/Itacaré, Fazenda Lagoa do Conjunto
    Fazenda Santa Cruz. 11/9/1991, *Carvalho, A.M.V.* et
    al., 3543

Plinia rara Sobral
Bahia
  Ilhéus: km 8 do ramal que liga a Rod. BR 415
    (Ilhéus/Itabuna) ao povoado de Japu. Ramal com
    entrada a 13 km de Ilhéus. 17/2/1982, *Silva, L.A.M.*
    et al., 1546
  Ilhéus: Ramal da estrada Itabuna-Ilhéus em direção a
    Japu 5/2002, *Sobral, M.* et al., 7488
  Itacaré: ca. 5 km SW of Itacaré. On side road south
    from the main Itacaré-Ubaitaba road. South of the
    moth of the Rio de Contas. 30/3/1974, *Harley, R.M.*
    et al., 17509
  Itacaré: near the mouth of the Rio de Contas.
    28/1/1977, *Harley, R.M.* et al., 18321

Plinia rivularis (Cambess.) Rotman
Bahia
  Santa Cruz Cabrália: Antiga Rodovia que liga a
    Estação Ecológica Pau Brasil a Santa Cruz Cabrália,
    a 7 km ao NE da Estação. Ca. 12 km ao NW de
    Porto Seguro. 28/11/1979, *Mori, S.A.* et al., 13042

Plinia spiciflora (Nees & Mart.) Sobral
Bahia
  Uruçuca: Distrito de Serra Grande, 7.3 km na estrada.
    7/9/1991, *Carvalho, A.M.V.* et al., 3658

Psidium appendiculatum Kiaersk.
Bahia
  Abaíra: Brejo do Engenho 30/12/1991, *Nic Lughadha,
    E.* et al., in H50564; 30/3/1992, in H53360

Psidium bergianum (Niedenzu) Burret.
Ceará
  Unloc: Serra do Araripe. 10/1838, *Gardner, G.* 1611,
    ISOLECTOTYPE, *Campomanesia suffruticosa*
    O.Berg.

Psidium brownianum DC.
Bahia
  Morro do Chapéu: 2/3/1997, *Gasson, P.* et al., in PCD
    5933

Psidium cf. brownianum DC.
Bahia
  Abaíra: Brejo do Engenho. 27/12/1992, *Hind, D.J.N.*
    et al., in H50463
  Abaíra: Brejo do Engenho. 30/3/1992, *Nic Lughadha,
    E.* et al., in H53363
  Abaíra: Estrada Abandonada Catolés-Arapiranga,
    próximo a casa de Osmar Campos, entre Riacho
    Fundo-Riacho Piçarrão. 13/5/1994, *Ganev, W.* 3255
  Abaíra: Garimpo do Engenho. 26/2/1992, *Stannard,
    B.* et al., in H51615
  Abaíra: Mendonça de Daniel Abreu. 24/2/1992,
    Stannard, B. et al., in H51575; H51603
  Abaíra: Perto do riacho da Quebrada, ao pé da Serra
    do Atalho. 26/12/1991, *Harley, R.M.* et al., in H50439

Psidium firmum O.Berg
Bahia
  Mucugê: Estrada Mucugê-Guiné, a 5 km de Mucugê.
    7/9/1981, *Furlan, A.* et al., in CFCR1924

Psidium grandifolium Mart. ex DC.
Bahia
  Abaíra: Distrito de Catolés: Serra do Porco Gordo –
    Gerais do Tijuco. 24/4/1992, *Ganev, W.* 179
  Caetité: 6 km S de Caetité camino a Brejinho das
    Ametistas. 20/11/1992, *Arbo, M.M.* et al., 5627
  Mucugê: Próximo ao Sitio Abobora. 21/11/1996,
    Harley, R.M. et al., in PCD 4562
  Palmeiras: Estrada entre Palmeiras e Mucugê, ca. 1
    km N de Guiné de Baixo. 19/2/1994, *Harley, R.M.*
    et al., in CFCR14220
  Piatã: Próximo a Serra do Gentio. ("Gerais" entre
    Piatã e Serra da Tromba). 21/12/1984, *Stannard, B.*
    et al., in CFCR7418
  Rio de Contas: Pico das Almas. 21/2/1987, *Harley,*
    R.M. et al., 24543

Psidium guajava L.
Paraíba
  Areia: Mata de Pau Ferro, parte oeste, mais seca,
    cerca de 1 km da estrada Areia-Remigio 1/12/1980,
    Fevereiro, V.P.B. et al., inM142
Piauí
  Bom Jesus: Rodovia Bom Jesus – Gilbués, 23 km
    Oeste da cidade de Bom Jesus. 20/6/1983,
    Coradin, L. et al., 5895
  Luis Correia: Estrada Luis Correia 1/8/2004, *França, F.*
    et al., 5055

Psidium guineense Sw.
Bahia
  Unloc: in collibus., *Salzmann, P.*
  Abaíra: Catolés de Cima, Brejo de Altino.
    31/10/1993, *Ganev, W.* 2381
  Barra da Estiva: c. 5 km sul de Barra da Estiva
    18/3/2004, *Queiroz, L.P. de* et al., 9194
  Caetité: c. 14 km ao norte de Caetité em direçao a
    Mamiaçu, estrada de terra a esquerda da estrada
    principal 12/4/2005, Miranda, E.B. 759
  Ilhéus: Estrada Itacaré-Marambaia 23/10/2004, *Stapf,*
    M.N.S. et al., 351
  Ilhéus: Quadra I do Cepec. Plantação de Cacau.
    5/6/1978, *Santos, T.S. dos* 3227
  Jacobina: 28/3/1996, *Stannard, B.* et al., in PCD 2609
  Jacobina: Floresta estacional de porte baixo de ca.
    de 3m de altura. 31/3/1996, *Guedes, M.L.* et al., in
    PCD 2707
  Maraú: Estrada que liga Ponta do Muta (Porto de
    Campinhos) a Maraú, a 22 km do Porto. 6/2/1979,
    Mori, S.A. et al., 11425
  Morro do Chapéu: Ventura, beira do rio, um pouco
    acima do povoado 4/3/1997, *França, F.* et al., in
    PCD 6009
  Mucugê: Estrada Mucugê-Guiné, a 28 km de
    Mucugê. 7/9/1981, *Furlan, A.* et al., in CFCR2036
  Palmeiras: Pai Inácio, indo para o cercado. 1/7/1995,
    Guedes, M.L. et al., in PCD2135
  Rio de Contas: 10 km da cidade em linha reta, na
    estrada para Rio das Pedras e Sobradinho, que sai
    da estrada próximo de Mato Grosso para Rio de
    Contas 28/11/2004, *Harley, R.M.* et al., in H55254
  Rio de Contas: Pico das Almas. Vertente leste. Campo

do Queiroz 5/12/1988, *Harley, R.M.* et al., 26590
  Serra do Bonfim: Monte Santo (Alto do Cruzeiro)
    28/10/2005, *Conceição, S.F.* et al., 308
  Serra do Bonfim: Serra do Barro Amarelo
    28/10/2005, *Conceição, S.F.* et al., 353
Ceará
  Unloc: 9/1838, *Gardner, G.* 1609
Pernambuco
  Unloc: 10/1837, *Gardner, G.* 1021

Psidium laruotteanum Cambess.
Bahia
  Rio de Contas: Beira da estrada entre a cidade e o
    Pico das Almas, perto da entrada para a Fazenda
    Vacaro 4/1/2003, *Harley, R.M.* et al., in H54558

Psidium myrcinites DC.
Ceará
  Unloc: Serra do Araripe – Araca de Viada. 10/1838,
    Gardner, G. 1610, ISOTYPE, *Psidium*
    gardnerianum O.Berg.

Psidium nutans O.Berg
Piauí
  Paranaguá: 8/1839, *Gardner, G.* 2598

Psidium oligospermum Mart. ex DC.*
Bahia
  Unloc: in collibus, *Salzmann, P.* Ilhéus: *Blanchet, J.S.*
    2309

Psidium rhombeum O.Berg
Bahia
  Unloc: In montibus Serra D'Açuruá prov. Bahiensis,
    Blanchet, J.S. 2815, ISOSYNTYPE, *Psidium*
    rhombeum O.Berg.

Psidium robustum O.Berg
Bahia
  Abaíra: Beira do Tanque dos escravos, um pouco
    abaixo do Tanquinho. 14/11/1992, *Ganev, W.* 1442
  Ibiquara: Capão da Volta. 19/9/1984, *Hatschbach, G.*
    48362
  Maraú: Estrada que liga Ponta do Muta (Porto de
    Campinho) a Maraú, a 8 km do Porto. 6/2/1979,
    Mori, S.A. et al., 11418
  Piatã: Serra do Atalho próximo ao caminho velho de
    Inúbia-Cravada. 20/8/1992, *Ganev, W.* 909

Psidium rufum DC.
Bahia
  Água Quente: Pico das Almas. No fundo do vale ao
    NW do Pico. 26/11/1988, *Harley, R.M.* et al., 26608
  Rio de Contas: Perto do Pico das Almas, em local
    chamado Queiroz (preto de Brumadinho)
    21/2/1987, *Harley, R.M.* et al., 24582
  Rio de Contas: Pico das Almas. Vertente leste.
    Campo do Queiroz 3/11/1988, *Harley, R.M.* et al.,
    25891; 11/11/1988, *Harley, R.M.* et al., 26373
  Rio de Contas: Pico das Almas. Vertente leste.
    Campo do Queiroz, ao lado leste 29/11/1988,
    Harley, R.M. et al., 26652

Rio de Contas: Pico das Almas. Vertente leste. Estrada Faz.Brumadinho – Faz.Silvina 13/12/1988, *Harley, R.M.* et al., 27156

Rio de Contas: Pico das Almas. Vertente leste. Vale acima da Faz. Silvina. 29/11/1988, *Harley, R.M.* et al., 26676

Psidium salutare (Kunth) O.Berg var. *poblianum* (O.Berg) Landrum
Bahia

Abaíra: Frios, Caminho Guarda-Mor-Frios pelo Covuao. 11/4/1994, *Ganev, W.* 3085

Rio de Contas: Campos da Pedra Furada, próximo ao Rio da Água Suja. Divisa Município de Abaíra, distrito de Arapiranga. 7/8/1993, *Ganev, W.* 2031

Psidium cf. *sartorianum* (O.Berg) Niedz.
Bahia

Coração de Maria: Ca. 2 km W de Coração de Maria, camino a Feira de Santana. 2/12/1992, *Arbo, M.M.* et al., 5516

Psidium schenckianum Kiaersk.[*]
Bahia

Maracás: Fazenda Gameleira. Rodovia BA 250, trecho Itiruçu/Maracás, na mata, lado direito da Rodovia. 29/2/1988, Mattos Silva, L.A., et al., 2236

Psidium striatulum Mart. ex DC.
Bahia

Unloc: Serra Açuruá.1838, *Blanchet, J.S.* 2916, ISOSYNTYPE, *Psidium persicifolium* O.Berg.

Psidium spp.
Bahia

Abaíra: Mendonça de Daniel Abreu. 21/2/1994, *Ganev, W.* 2970

Jacobina: Proximidades do Hotel Serra do Ouro. 27/6/1983, *Coradin, L.* et al., 6138

Maracás: 13 a 22 km ao S de Maracás, pela antiga rod. para Jequié. 27/4/1978, *Mori, S.A.* et al., 10049

Maracás: Fazenda Juramento, a 6 km ao S de Maracás, pela antiga Rodovia para Jequié. 27/4/1978, *Mori, S.A.* et al.,10038

Nova Olinda: Cerrado entre Nova Olinda e Inhambupe. 5/3/1958, Lima, A. 582897

Piauí

Bom Jesus: Rodovia Bom Jesus – Gilbués, 23 km Oeste da cidade de Bom Jesus. 20/6/1983, *Coradin, L.* et al., 5893

Siphoneugena dussii (Krug & Urb.) Proença
Bahia

Abaíra: Caminho Boa Vista para Bicota. 9/7/1995, *França, F.* et al., in PCD 1290

---

[*] Species added in proof, not used in introductory analysis

Lista da Exsicatas

Agra, M.F. 1334 – *Myrcia splendens;* 1407 – *Myrcia guianensis;* 1453 – *Myrcia guianensis.*

Almeida, J. 148 – *Marlierea grandifolia;* 168 – *Myrcia sylvatica;* 173 – *Marlierea silvatica.*

Amorim, A.M. 355 – *Myrcia multiflora;* 377 – *Myrcia splendens;* 449 – *Marlierea obversa;* 581 – *Eugenia punicifolia;* 1576 – *Myrcia splendens.*

Andrade-Lima, D. 57-2816 – *Myrcia amplexicaulis;* 61-3986 – *Myrcia jacobinensis;* 67-5080 – *Myrcia vittoriana;* 74-7573 – *Myrcia ilheosensis;* 75-8055 – *Myrcia jacobinensis.*

Araújo, B.R.N. 60 – *Myrcia guianensis.*

Araújo, F.S. 206 – *Myrcia guianensis.*

Arbo, M.M. 5340 – *Algrizea macrochlamys;* 5516 – *Psidium cf. sartorianum;* 5521 – *Myrcia tomentosa;* 5555 – *Myrcia sylvatica;* 5625 – *Eugenia punicifolia;* 5627 – *Psidium grandifolium;* 5738 – *Blepharocalyx salicifolius;* 5742 – *Calyptranthes ovalifolia.*

Athayde. P.R. RB 109014 – *Myrcia ramuliflora.*

Atkins, S. in PCD 5574 – *Eugenia cf. pistaciifolia;* in PCD 5576 – *Myrcia reticulosa;* in PCD 5587 – *Myrcia mischophylla.*

Atkinson, R. in PCD 2487 – *Eugenia pistaciifolia.*

Bautista, H.P. 801 – *Myrcia guianensis;* in PCD 3482 – *Eugenia rostrata;* in PCD 3713 – *Myrcia tomentosa;* in PCD 3886 – *Myrcia mischophylla;* in PCD 3896 – *Myrcia cf. blanchetiana.*

Belém, R.P. 763 – *Marlierea montana;* 782 – *Myrciaria floribunda;* 1395 – *Marlierea tomentosa.*

Blanchet, J.S. 1804 – *Myrciaria tenella;* 1919 – *Myrcia guianensis;* 1920 – *Myrcia guianensis;* 2321 – *Myrcia tenuifolia;* 2572 – *Eugenia ligustrina;* 2655 – *Eugenia ilhensis;* 2778 – *Eugenia blanchetiana;* 2786 – *Myrcia tomentosa;* 2787 – *Eugenia azuruensis;* 2791 – *Eugenia flavescens;* 2799 – *Eugenia dictyophleba;* 2815 – *Psidium rhombeum;* 2862 – *Eugenia punicifolia;* 2862 – *Eugenia punicifolia;* 2916 – *Psidium striatulum* 2919 – *Marlierea parvifolia;* 3145 – *Myrcia tomentosa;* 3369 – *Myrcia tomentosa;* 3391 – *Myrcia blanchetiana;* 3393 – *Myrcia calyptranthoides;* 3442 – *Myrcia amazonica;* 3585 – *Myrcia amazonica;* 3586 – *Myrcia sylvatica;* 3587 – *Myrcia guianensis;* 3727 – *Eugenia cerasiflora;* 3728 – *Myrcia reticulosa.*

Cardoso, D. 1057 – *Myrcia salzmannii;* 1079 – *Myrcia guianensis;* 1399 – *Myrcia laruotteana.*

Carneiro, D.S. 28 – *Myrcia bella.*

Carvalho, A.M.V. 162 – *Myrcia aff. cuprea;* 170 – *Myrcia vittoriana;* 176 – *Myrciaria floribunda;* 192 – *Myrcia racemosa;* 197 – *Eugenia macrantha;* 211 – *Eugenia brasiliensis;* 300 – *Myrcia ilheosensis;* 615 – *Myrcia guianensis;* 625 – *Myrcia hirtiflora;* 852 – *Myrcia splendens;* 859 – *Myrcia tomentosa;* 899 – *Myrcia splendens;* in PCD 970 – *Eugenia umbelliflora;* 973 – *Myrcia splendens;* 1011 – *Myrcia amazonica;* in PCD 1016 – *Myrcia mischophylla;*

1047 – *Myrcia blanchetiana;* 1059 – *Myrcia;* in PCD 1065 – *Eugenia calycina;* in PCD 1093 – *Myrcia splendens;* 1108 – *Myrcia splendens;* 1128 – *Marlierea excoriata;* 1256 – *Myrcia splendens;* 1432 – *Myrcia richardiana;* 1610 – *Calyptranthes restingae;* 1627 – *Myrcia rufipes;* 1983 – *Eugenia duarteana;* 2380 – *Eugenia punicifolia;* 2398 – *Myrcia jacobinensis;* 2416 – *Calyptranthes brasiliensis;* 2436 – *Myrcia guianensis;* 2511 – *Eugenia punicifolia;* 3265 – *Myrcia racemosa;* 3266 – *Myrcia venulosa;* 3283 – *Myrcia thyrsoidea;* 3288 – *Myrcia carvalhoi;* 3450 – *Myrcia springiana;* 3540 – *Eugenia cf. ayacuchae;* 3543 – *Plinia edulis;* 3643 – *Myrcia aff. fenzliana;* 3658 – *Plinia speciflora;* 3675 – *Plinia callosa;* 3820 – *Myrcia thyrsoidea;* 3887 – *Myrcia variabilis;* 3899 – *Myrcia guianensis;* 4057 – *Eugenia suberosa.*

Carvalho, P.D. 249 – *Myrcia cf. littoralis.*

Carvalho-Sobrinho, J.G. 783 – *Myrcia bergiana.*

Castro, R.M. 1076 – *Myrcia guianensis.*

Chagas e Silva, F. 49 – *Myrcia splendens.*

Conceição, A.A. 512 – *Calyptranthes pulchella;* in PCD 2347 – *Myrcia jacobinensis;* in PCD 2437 – *Myrcia blanchetiana;* in PCD 2453 – *Myrcia guianensis;* in PCD 2521 – *Eugenia pistaciifolia.*

Conceição, S.F. 308 – *Psidium guineense;* 353 – *Psidium guineense;* 423 – *Myrcia guianensis;* 469 – *Myrcia tomentosa.*

Coradin, L. 1170 – *Myrcia laricina;* 5822 – *Myrcia bella;* 5895 – *Psidium guajava;* 6092 – *Eugenia punicifolia;* 6103 – *Eugenia punicifolia;* 6459 – *Eugenia cf. vetula;* 6604 – *Myrcia laricina;* 6629 – *Eugenia punicifolia;* 7414 – *Myrcia variabilis;* 7417 – *Myrcia aff. variabilis.*

Costa, J. 769 – *Myrcia guianensis.*

Couto, A.P.L. 184 – *Myrcia splendens.*

Crepalde, I. 4 – *Myrcia guianensis.*

Duarte, A.P. 1484 – *Eugenia florida;* 6035 – *Myrcia lacerdaeana;* 6058 – *Neomitranthes langsdorffii;* 6113 – *Eugenia cauliflora;* 6845 – *Eugenia cauliflora.*

Esteves, G.L. 2157 – *Myrcia bergiana;* 2192 – *Eugenia pluriflora.*

Euponino, A. 317 – *Myrcia sylvatica.*

Falcão 1195 – *Myrcia rosangelae.*

Farney, C. 1312 – *Calyptranthes brasiliensis;* 2910 – *Myrcia hirtiflora;* 2931 – *Myrcia rotundifolia;* 3873 – *Calyptranthes pulchella.*

Ferreira, M.C. in PCD 1810 – *Eugenia zuccarinii.*

Fevereiro, V.P.B. in M 45 – *Myrcia sylvatica;* in M 92 – *Myrcia splendens;* in M 133 – *Myrcia splendens;* in M 142 – *Psidium guajava;* in M 518 – *Myrcia guianensis.*

Folli, D.A. 851 – *Myrcia grazielae.*

Fonseca, M.L. 2879 – *Calyptranthes aff. tetraptera.*

França, F. in PCD 1290 – *Siphoneugena dussii;* in PCD 1630 – *Myrcia pubescens;* 5055 – *Psidium guajava;*

5435 – *Myrcia splendens;* 5574 – *Algrizea macrochlamys;* 5899 – *Myrcia palustris;* in PCD 5910 – *Myrcia cf. jacobinensis;* in PCD 5911 – *Myrcia cf. jacobinensis;* in PCD 5913 – *Myrcia venulosa;* in PCD 5919 – *Myrcia densa;* in PCD 6009 – *Psidium guineense.*

Funch, L.S. 1536 – *Myrcia splendens;* 2005 – *Myrcia lasiantha;* 2006 – *Myrcia* aff. *subverticillaris;* 2066 – *Myrcia cf. mischophylla.*

Furlan, A. in CFCR 265 – *Myrcia mischophylla;* in CFCR 288 – *Myrcia blanchetiana;* in CFCR 432 – *cf. Myrcianthes;* in CFCR 1570 – *cf. Myrcianthes;* in CFCR 1924 – *Psidium firmum;* in CFCR 1968 – *Myrcia tomentosa;* in CFCR 2036 – *Psidium guineense;* in CFCR 2136 – *Myrcia cf. glauca;* in CFCR 7465 – *Myrcia guianensis.*

Ganev, W. 8 – *Myrciaria cuspidata;* 9 – *Eugenia punicifolia;* 27 – *Eugenia mansoi;* 32 – *Eugenia punicifolia;* 111 – *Eugenia punicifolia;* 112 – *Eugenia punicifolia;* 116 – *Myrcia amazonica;* 178 – *Eugenia punicifolia;* 179 – *Psidium grandifolium;* 210 – *Myrcia mischophylla;* 244 – *Myrcia mischophylla;* 331 – *Myrcia ilheosensis;* 337 – *Blepharocalyx salicifolius;* 349 – *Myrcia densa;* 355 – *Myrcia ilheosensis;* 369 – *Myrcia guianensis;* 377 – *Myrcia blanchetiana;* 412 – *Eugenia vetula;* 485 – *Myrcia guianensis;* 489 – *Myrcia reticulosa;* 510 – *Marlierea* aff. *lituatinervia;* 526 – *Eugenia punicifolia;* 545 – *Eugenia vetula;* 547 – *Eugenia vetula;* 554 – *Eugenia punicifolia;* 558 – *Eugenia punicifolia;* 597 – *Eugenia punicifolia;* 649 – *Myrcia mischophylla;* 685 – *Eugenia punicifolia;* 736 – *Marlierea* aff. *lituatinervia;* 742 – *Eugenia mansoi;* 743 – *Myrcia guianensis;* 756 – *Eugenia vetula;* 777 – *Eugenia punicifolia;* 783 – *Eugenia mansoi;* 789 – *Eugenia platyphylla;* 798 – *Myrcia guianensis;* 814 – *Myrciaria;* 867 – *Eugenia vetula;* 875 – *Eugenia dysenterica;* 909 – *Psidium robustum;* 972 – *Eugenia punicifolia;* 987 – *Marlierea laevigata;* 1002 – *Eugenia mansoi;* 1020 – *Marlierea laevigata;* 1023 – *Eugenia mansoi;* 1026 – *Myrcia tomentosa;* 1038 – *Eugenia dysenterica;* 1046 – *Eugenia cf. ternatifolia;* 1047 – *Eugenia cf. ternatifolia;* 1056 – *Myrcia guianensis;* 1063 – *Eugenia cf. ternatifolia;* 1077 – *Marlierea laevigata;* 1081 – *Myrcia tomentosa;* 1084 – *Myrcia guianensis;* 1107 – *Eugenia bimarginata;* 1119 – *Marlierea laevigata;* 1159 – *Eugenia dysenterica;* 1183 – *Eugenia mansoi;* 1185 – *Myrcia guianensis;* 1195 – *Myrcia guianensis;* 1198 – *Eugenia cf. ternatifolia;* 1199 – *Eugenia cf. ternatifolia;* 1209 – *Marlierea laevigata;* 1221 – *Myrcia guianensis;* 1227 – *Algrizea macrochlamys;* 1229 – *Myrcia tomentosa;* 1240 – *Eugenia punicifolia;* 1253 – *Myrcia* aff. *almasensis;* 1257 – *Myrcia mutabilis;* 1260 – *Eugenia mansoi;* 1265 – *Marlierea laevigata;* 1271 – *Myrcia mutabilis;* 1303 – *Blepharocalyx salicifolius;* 1327 – *Algrizea macrochlamys;* 1332 – *Myrcia guianensis;* 1333 – *Myrcia splendens;* 1334 – *Myrcia mutabilis;* 1338 – *Myrcia tomentosa;* 1342 – *Eugenia vetula;* 1350 – *Myrcia splendens;* 1367 – *Blepharocalyx salicifolius;* 1369 – *Myrcia jacobinensis;* 1371 – *Myrcia venulosa;* 1380 – *Campomanesia eugenioides;* 1387 – *Eugenia dysenterica;* 1389 – *Myrcia blanchetiana;* 1398 –

Eugenia cf. ternatifolia; 1400 – *Eugenia pistaciifolia;* 1410 – *Myrcia mischophylla;* 1412 – *Calyptranthes brasiliensis;* 1420 – *Eugenia pistaciifolia;* 1439 – *Myrcia blanchetiana;* 1442 – *Psidium robustum;* 1453 – *Calyptranthes brasiliensis;* 1454 – *Calyptranthes pulchella;* 1477 – *Myrcia blanchetiana;* 1483 – *Algrizea macrochlamys;* 1489 – *Myrcia* aff. *almasensis;* 1497 – *Eugenia punicifolia;* 1499 – *Myrcia venulosa;* 1511 – *Campomanesia eugenioides;* 1513 – *Algrizea macrochlamys;* 1532 – *Myrcia tomentosa;* 1543 – *Myrcia guianensis;* 1544 – *Myrcia splendens;* 1558 – *Blepharocalyx salicifolius;* 1562 – *Myrcia reticulosa;* 1565 – *Myrcia tomentosa;* 1566 – *Marlierea laevigata;* 1578 – *Myrcia guianensis;* 1579 – *Algrizea macrochlamys;* 1592 – *Myrcia venulosa;* 1596 – *Blepharocalyx salicifolius;* 1597 – *Myrcia* aff. *almasensis;* 1604 – *Myrcia multiflora;* 1605 – *Myrcia guianensis;* 1609 – *Myrcia mutabilis;* 1617 – *Myrcia jacobinensis;* 1650 – *Myrcia venulosa;* 1653 – *Myrcia mutabilis;* 1656 – *Myrcia venulosa;* 1663 – *Eugenia splendens;* 1665 – *Myrcia* aff. *almasensis;* 1666 – *Myrcia jacobinensis;* 1667 – *Myrcia* aff. *almasensis;* 1677 – *Myrcia blanchetiana;* 1691 – *Myrcia guianensis;* 1701 – *Myrcia blanchetiana;* 1713 – *Myrcia jacobinensis;* 1719 – *Eugenia pistaciifolia;* 1745 – *Myrcia reticulosa;* 1775 – *Myrcia reticulosa;* 1781 – *Myrcia splendens;* 1789 – *Eugenia punicifolia;* 1800 – *Myrcia guianensis;* 1859 – *Eugenia punicifolia;* 1865 – *Eugenia punicifolia;* 1937 – *Eugenia punicifolia;* 1965 – *Myrcia fenzliana;* 1970 – *Eugenia punicifolia;* 1975 – *Eugenia platyphylla;* 1985 – *Eugenia mansoi;* 1996 – *Algrizea macrochlamys;* 2023 – *Eugenia punicifolia;* 2025 – *Eugenia punicifolia;* 2030 – *Marlierea laevigata;* 2031 – *Psidium salutare var. pohlianum;* 2049 – *Eugenia vetula;* 2087 – *Marlierea* aff. *lituatinervia;* 2094 – *Marlierea laevigata;* 2095 – *Myrcia tomentosa;* 2131 – *Blepharocalyx salicifolius;* 2133 – *Blepharocalyx salicifolius;* 2150 – *Marlierea laevigata;* 2164 – *Blepharocalyx salicifolius;* 2175 – *Eugenia cf. ternatifolia;* 2201 – *Myrcia mutabilis;* 2203 – *Blepharocalyx salicifolius;* 2204 – *Marlierea laevigata;* 2217 – *Myrcia multiflora;* 2218 – *Myrcia tomentosa;* 2224 – *Calyptranthes lucida;* 2253 – *Algrizea macrochlamys;* 2254 – *Myrcia blanchetiana;* 2258 – *Blepharocalyx salicifolius;* 2260 – *Marlierea laevigata;* 2268 – *Myrcia jacobinensis;* 2269 – *Myrcia jacobinensis;* 2276 – *Myrcia jacobinensis;* 2288 – *Myrcia tomentosa;* 2290 – *Myrcia* aff. *almasensis;* 2291 – *Blepharocalyx salicifolius;* 2349 – *Myrcia reticulosa;* 2359 – *Marlierea laevigata;* 2365 – *Myrcia mutabilis;* 7 – *Blepharocalyx salicifolius;* 8 – *Myrcia tomentosa;* 2380 – *Marlierea laevigata;* 2381 – *Psidium guineense;* 2385 – *Myrcia tomentosa;* 2386 – *Myrcia amazonica;* 2388 – *Myrcia tomentosa;* 2407 – *Blepharocalyx salicifolius;* 2420 – *Marlierea laevigata;* 2429 – *Myrcia tomentosa;* 2437 – *Blepharocalyx salicifolius;* 2452 – *Myrcia guianensis;* 2466 – *Myrcia blanchetiana;* 2475 – *Myrcia venulosa;* 2476 – *Blepharocalyx salicifolius;* 2477 – *Myrcia jacobinensis;* 2490 – *Eugenia;* 2496 – *Campomanesia eugenioides;* 2503 – *Marlierea laevigata;* 2547 – *Calyptranthes brasiliensis;* 2548 – *Marlierea laevigata;*

2562 – *Myrcia amazonica;* 2585 – *Myrcia amazonica;* 2591 – *Calyptranthes brasiliensis;* 2621 – *Myrcia reticulosa;* 2622 – *Calyptranthes brasiliensis;* 2630 – *Myrcia amazonica;* 2631 – *Marlierea laevigata;* 2632 – *Myrcia amazonica;* 2691 – *Myrcia reticulosa;* 2699 – *Algrizea macrochlamys;* 2711 – *Eugenia* aff. *splendens;* 2742 – *Myrciaria;* 2743 – *Myrcia guianensis;* 2745 – *Myrcia guianensis;* 2747 – *Myrcia venulosa;* 2771 – *Eugenia punicifolia;* 2810 – *Eugenia punicifolia;* 2824 – *Myrcia blanchetiana;* 2851 – *Myrcia splendens;* 2858 – *Myrcia amazonica;* 2870 – *Eugenia;* 2882 – *Myrcia reticulosa;* 2886 – *Eugenia punicifolia;* 2905 – *Eugenia punicifolia;* 2910 – *Myrcia reticulosa;* 2913 – *Myrcia multiflora;* 2946 – *Myrcia reticulosa;* 2970 – *Psidium* ; 3027 – *Eugenia punicifolia;* 3054 – *Myrcia densa;* 3085 – *Psidium salutare var. poblianum;* 3091 – *Eugenia punicifolia;* 3097 – *Myrcia mischophylla;* 3112 – *Marlierea* aff. *lituatinervia;* 3140 – *Eugenia punicifolia;* 3151 – *Eugenia vetula;* 3153 – *Eugenia punicifolia;* 3154 – *Eugenia punicifolia;* 3163 – *Myrciaria;* 3212 – *Eugenia splendens;* 3236 – *Eugenia;* 3244 – *Myrcia mischophylla;* 3254 – *Eugenia punicifolia;* 3255 – *Psidium* cf. *brownianum;* 3396 – *Eugenia punicifolia;* 3459 – *Eugenia punicifolia;* 3469 – *Eugenia vetula;* 3501 – *Myrcia guianensis;* 3512 – *Eugenia punicifolia;* 3513 – *Eugenia ternatifolia;* 3516 – *Eugenia punicifolia;* 3517 – *Eugenia vetula;* 3522 – *Myrcia* aff. *almasensis;* 3544 – *Myrcia mischophylla;* 3556 – *Eugenia vetula;* 3585 – *Myrcia amazonica.*

Gardner, G. 1011 – *Myrcia sylvatica;* 1012 – *Myrcia guianensis;* 1013 – *Myrcia guianensis;* 1016 – *Myrcia hexasticha;* 1017 – *Eugenia florida;* 1018 – *Eugenia* aff. *neoglomerata;* 1019 – *Campomanesia dichotoma;* 1021 – *Psidium guineense;* 1290 – *Eugenia alagoensis;* 1291 – *Eugenia florida;* 1293 – *Campomanesia viatoris;* 1294 – *Campomanesia dichotoma;* 1295 – *Myrcia perforata;* 1296 – *Myrcia splendens;* 1297 – *Myrcia splendens;* 1298 – *Myrcia splendens;* 1299 – *Myrcia splendens;* 1300 – *Myrcia rotundifolia;* 1301 – *Myrcia guianensis;* 1302 – *Calyptranthes clusiifolia;* 1303 – *Myrcia rosangelae;* 1304 – *Myrcia sylvatica;* 1308 – *Eugenia candolleana;* 1309 – *Myrcia* aff. *multiflora;* 1311 – *Mitranthes gardneriana unplaced name;* 1518 – *Myrcia gatunensis;* 1609 – *Psidium guineense;* 1610 – *Psidium myrcinites;* 1611 – *Psidium bergianum;* 1612 – *Eugenia punicifolia;* 1613 – *Myrcia tomentosa;* 1614 – *Myrcia tomentosa;* 1615 – *Eugenia florida;* 1616 – *Myrcia multiflora;* 1617 – *Eugenia punicifolia;* 1618 – *Myrcia splendens;* 1619 – *Myrcia splendens;* 1620 – *Myrcia multiflora;* 1621 – *Myrcia guianensis;* 1622 – *Myrcia multiflora;* 1623 – *Myrcia sylvatica;* 1624 – *Myrcia splendens;* 1625 – *Myrcia guianensis;* 1626 – *Myrcia guianensis;* 1953 – *Myrcia splendens;* 2169 – *Eugenia stictopetala;* A 2598 – *Psidium nutans;* 2598 – *Psidium nutans;* 2604 – *Eugenia gemmiflora;* 2605 – *Myrcia splendens;* 2606 – *Myrcia splendens;* 2607 – *Myrcia multiflora;* 2608 – *Myrcia tomentosa;* 2609 – *Myrcia tomentosa;* 2611 – *Myrcia tomentosa;* 2613 – *Myrcia tomentosa;* 2865 – *Myrcia tomentosa;* 2866 – *Myrcia ochroides;* 2867 – *Myrcia* cf. *mollis;* 2869 – *Myrcia tomentosa;* 2870 – *Myrcia tomentosa;* 2873 – *Myrcia* aff. *subverticillaris;* 2874 – *Myrcia laricina;* 2875 – *Myrcia laricina;* 3145 – *Myrcia tomentosa;* s.n. – *Myrcia bergiana.*

Gasson, P. in PCD 5933 – *Psidium brownianum;* in PCD 5935 – *Myrcia blanchetiana;* in PCD 5973 – *Calyptranthes grandifolia;* in PCD 6058 – *Eugenia punicifolia;* in PCD 6103 – *Myrcia amazonica;* in PCD 6183 – *Myrcia bella.*

Gifford, D.R. G 299 – *Myrcia sylvatica.*

Giulietti, A.M. in PCD 773 – *Myrcia* aff. *obovata;* in PCD 892 – *Calyptranthes* aff. *clusiifolia;* in CFCR 1312 – *Myrcia mischophylla;* in CFCR 1499 – *Myrcia blanchetiana;* in PCD 1571 – *Myrcia pubescens;* in PCD 1573 – *Myrcia guianensis;* in PCD 1584 – *Myrcia pubescens;* in PCD 1624 – *Myrcia amazonica;* in PCD 2676 – *Myrcia splendens;* in PCD 2702 – *Myrcia pubescens;* in CFCR 6755 – *Myrcia jacobinensis;* in CFCR 6864 – *Myrcia* aff. *blanchetiana.*

Gonçalves, J.M. 3 – *Myrcia guianensis.*

Gonçalves, L.M.C. 100 – *Myrcia guianensis;* 102 – *Myrciaria floribunda;* 108 – *Myrcia guianensis;* 112 – *Campomanesia eugenioides.*

Guedes, M.L. in PCD 1387 – *Myrcia sylvatica;* in PCD 1388 – *Myrcia mischophylla;* in PCD 1399 – *Myrcia guianensis;* in PCD 1403 – *Myrcia;* in PCD 1412 – *Myrcia splendens;* in PCD 1416 – *Myrcia jacobinensis;* in PCD 1503 – *Marlierea obscura;* in PCD 1519 – *Myrcia* aff. *obovata;* in PCD 1585 – *Eugenia punicifolia;* in PCD 2106 – *Myrcia guianensis;* in PCD 2107 – *Myrcia mischophylla;* in PCD 2122 – *Myrcia guianensis;* in PCD 2135 – *Psidium guineense;* in PCD 2707 – *Psidium guineense;* in PCD 2711 – *Myrcia guianensis;* in PCD 2716 – *Myrcia guianensis;* in PCD 2717 – *Myrcia jacobinensis;* in PCD 2718 – *Myrcia sylvatica;* in PCD 2807 – *Myrcia jacobinensis;* in PCD 2907 – *Myrcia splendens;* in PCD 4967 – *Myrcia mutabilis;* in PCD 5519 – *Myrcia guianensis;* 5617 – *Myrcia venulosa;* in PCD 5620 – *Myrcia splendens;* in PCD 5658 – *Eugenia modesta.*

Hage, J.L. 429 – *Myrcia splendens;* 890 – *Eugenia francavilleana;* 2144 – *Marlierea grandifolia;* 2222 – *Marlierea tomentosa;* 2230 – *Marlierea regeliana.*

Harley, R.M. in PCD 3297 – *Myrciaria floribunda;* in PCD 4428 – *Eugenia splendens;* in PCD 4489 – *Blepharocalyx salicifolius;* in PCD 4562 – *Psidium grandifolium;* in PCD 5076 – *Eugenia punicifolia;* in PCD 6046 – *Myrcia blanchetiana;* in PCD 6143 – *Myrcia blanchetiana;* in PCD 6144 – *Myrcia blanchetiana;* in CFCR 7298 – *Myrcia* aff. *blanchetiana;* in CFCR 7641 – *Myrcia splendens;* 14177 – *Myrcia guianensis;* in CFCR 14220 – *Psidium grandifolium;* 14303 – *Myrcia* cf. *blanchetiana;* 14325 – *Myrcia vittoriana;* 14337 – *Myrcia* cf. *goyazensis;* 15066 – *Eugenia punicifolia;* 15069 – *Myrcia almasensis;* 15258 – *Myrcia mischophylla;* 15276 – *Myrcia venulosa;* 15293 – *Campomanesia sessiliflora;* 15359 – *Eugenia umbelliflora;* 15360 – *Myrcia splendens;* 15363 – *Myrcia venulosa;* 15520 – *Myrcia reticulosa;* 15587 – *Myrcia guianensis;* 15639 – *Myrcia reticulosa;* 15646 – *Myrcia amazonica;* 15664 – *Myrcia splendens;* 15683 – *Myrcia guianensis;* 15727 – *Myrcia reticulosa;* 15738 –

Eugenia modesta; 15754 – *Calyptranthes ovalifolia*; 15778 – *Myrcia reticulosa*; 15836 – *Eugenia punicifolia*; 15912 – *Myrcia* aff. *blanchetiana*; 15988 – cf. *Myrcianthes*; 15991 – *Myrcia* aff. *blanchetiana*; 16063 – *Myrcia sylvatica*; 16431 – *Eugenia dentata*; 16435 – *Myrcia splendens*; 16523 – *Myrcia pubescens*; 16659 – *Myrcia blanchetiana*; 16674 – *Myrcia guianensis*; 16719 – *Eugenia mansoi*; 16720 – *Eugenia punicifolia*; 16797 – *Eugenia punicifolia*; 17079 – *Myrcia* aff. *sylvatica*; 17137 – *Myrcia ilheosensis*; 17221 – *Eugenia pauciflora*; 17279 – *Eugenia hirta*; 17347 – *Myrcia splendens*; 17349 – *Myrcia sylvatica*; 17509 – *Plinia rara*; 17546 – *Eugenia umbelliflora*; 17612 – *Myrcia hirtiflora*; 17812 – *Calyptranthes brasiliensis*; 17844 – *Marlierea* cf. *excoriata*; 17943 – *Myrcia tomentosa*; 17947 – *Myrcia vittoriana*; 18028 – *Myrcia tomentosa*; 18045 – *Myrcia ilheosensis*; 18046 – *Calyptranthes brasiliensis*; 18055 – *Eugenia hirta*; 18122 – *Blepharocalyx eggersii*; 18176 – *Myrcia springiana*; 18192 – *Eugenia itapemirimensis*; 18321 – *Plinia rara*; 18325 – *Eugenia mandioccensis*; 18404 – *Myrcia racemosa*; 18405 – *Myrcia hirtiflora*; 18409 – *Myrcia splendens*; 18424 – *Eugenia gaudichaudiana*; 18471 – *Myrcia salzmannii*; 18473 – *Blepharocalyx eggersii*; 18480 – *Eugenia bahiensis*; 18502 – *Myrcia splendens*; 18508 – *Myrcia salzmannii*; 18579 – *Myrcia* aff. *bella*; 18670 – *Myrcia* aff. *mischophylla*; 18675 – *Myrcia* cf. *virgata*; 18724 – *Eugenia mansoi*; 18764 – *Myrcia venulosa*; 18868 – cf. *Myrcianthes*; 19017 – *Eugenia pistaciifolia*; 19236 – *Myrcia ilheosensis*; 19714 – *Myrcia splendens*; 19833 – *Eugenia mansoi*; 20089 – *Eugenia mansoi*; 20094 – *Eugenia punicifolia*; 20114 – *Myrcia mutabilis*; 20566 – *Myrcia venulosa*; 20734 – *Myrcia densa*; 20767 – *Myrcia blanchetiana*; 20977 – cf. *Myrcianthes*; 21034 – *Eugenia punicifolia*; 21036 – *Myrcia ilheosensis*; 21120 – *Eugenia bimarginata*; 21173 – *Eugenia punicifolia*; 21194 – *Myrcia mischophylla*; 21234 – *Eugenia punicifolia*; 21275 – *Pimenta pseudocaryophyllus*; 21329 – *Eugenia punicifolia*; 21730 – *Eugenia stictopetala*; 22041 – *Myrcia salzmannii*; 22043 – *Myrcia vittoriana*; 22085 – *Myrcia hirtiflora*; 22172 – *Myrcia splendens*; 22178 – *Myrcia vittoriana*; 22179 – *Myrcia richardiana*; 22203 – *Eugenia umbelliflora*; 22206 – *Myrcia bergiana*; 22220 – *Myrcia guianensis*; 22231 – *Eugenia cerasiflora*; 22299 – *Myrcia mischophylla*; 27 – *Myrcia splendens*; 22419 – *Myrcia* aff. *littoralis*; 22421 – *Eugenia cerasiflora*; 22447 – *Myrcia splendens*; 22572 – *Myrcia venulosa*; 22586 – *Myrcia venulosa*; 22862 – *Calyptranthes grandifolia*; 22975 – *Eugenia modesta*; 22984 – *Myrcia guianensis*; 23029 – *Myrcia guianensis*; 24210 – *Myrcia densa*; 24542 – *Calyptranthes pulchella*; 24543 – *Psidium grandifolium*; 24551 – *Myrcia venulosa*; 24582 – *Psidium rufum*; 24601 – *Calyptranthes pulchella*; 25317 – *Myrcia torta*; 25398 – *Myrcia guianensis*; 25582 – *Myrcia guianensis*; 25649 – *Myrcia tomentosa*; 25674 – *Myrcia guianensis*; 25678 – *Myrcia pulchra*; 25714 – *Myrcia guianensis*; 25728 – *Myrcia tomentosa*; 25778 – *Myrcia almasensis*; 25886 – *Myrcia tomentosa*; 25887 – *Myrcia mutabilis*; 25890

– *Marlierea laevigata*; 25891 – *Psidium rufum*; 25905 – *Myrcia mutabilis*; 25942 – *Myrcia guianensis*; 26005 – *Myrcia* aff. *blanchetiana*; 26039 – *Myrcia jacobinensis*; 26043 – *Myrcia* aff. *blanchetiana*; 26088 – *Myrcia guianensis*; 26373 – *Psidium rufum*; 26433 – *Myrcia venulosa*; 26526 – *Myrcia mutabilis*; 26544 – *Myrcia guianensis*; 26555 – *Calyptranthes lucida*; 26580 – *Myrcia tomentosa*; 26590 – *Psidium guineense*; 26608 – *Psidium rufum*; 26612 – *Myrcia tomentosa*; 26646 – *Calyptranthes pulchella*; 26652 – *Psidium rufum*; 26666 – *Myrcia fenzliana*; 26668 – *Marlierea angustifolia*; 26669 – *Myrcia* aff. *blanchetiana*; 26673 – *Myrcia splendens*; 26676 – *Psidium rufum*; 26906 – *Myrcia jacobinensis*; 27007 – *Myrcia* aff. *blanchetiana*; 27111 – *Myrcia venulosa*; 27118 – *Myrcia splendens*; 27151 – *Campomanesia sessiliflora*; 27156 – *Psidium rufum*; 27159 – *Myrcia mutabilis*; 27168 – *Myrcia venulosa*; 27343 – *Myrcia splendens*; 27505 – *Myrcia venulosa*; 27510 – *Myrcia jacobinensis*; 27558 – *Marlierea laevigata*; 27584 – *Myrcia guianensis*; 27589 – *Marlierea laevigata*; 27702 – *Myrcia splendens*; 27802 – *Myrcia guianensis*; 27819 – *Myrcia venulosa*; 27836 – *Myrcia densa*; 28269 – *Myrcia tomentosa*; 28322 – *Myrceugenia alpigena*; 28365 – *Blepharocalyx salicifolius*; in H 50107 – *Eugenia punicifolia*; in H 50115 – *Myrcia amazonica*; in H 50125 – *Myrcia reticulosa*; in H 50142 – *Calyptranthes ovalifolia*; in H 50170 – *Myrcia guianensis*; in H 50171 – *Algrizea macrochlamys*; in H 50194 – *Myrcia guianensis*; in H 50236 – *Myrcia amazonica*; in H 50239 – *Myrcia guianensis*; in H 50247 – *Myrcia jacobinensis*; in H 50248 – *Myrcia jacobinensis*; in H 50309 – *Myrcia reticulosa*; in H 50323 – *Myrcia splendens*; in H 50330 – *Myrcia amazonica*; in H 50332 – *Myrciaria* cf. *strigipes*; in H 50340 – *Calyptranthes lucida*; in H 50343 – *Myrcia splendens*; in H 50379 – *Marlierea laevigata*; in H 50392 – *Blepharocalyx salicifolius*; in H 50438 – *Blepharocalyx salicifolius*; in H 50439 – *Psidium* cf. *brownianum*; in H 50495 – *Eugenia florida*; in H 50511 – *Myrcia splendens*; in H 50521 – *Blepharocalyx salicifolius*; in H 50536 – *Eugenia splendens*; in H 50606 – *Myrcia guianensis*; in H 50607 – *Myrcia venulosa*; in H 50608 – *Myrcia guianensis*; in H 50656 – *Myrcia guianensis*; in H 50706 – *Eugenia punicifolia*; in H 50707 – *Myrcia guianensis*; in H 50744 – *Myrcia guianensis*; in H 50745 – *Myrcia venulosa*; in H 50746 – *Myrcia mutabilis*; in H 50758 – *Myrcia* aff. *almasensis*; in H 51251 – *Myrcia venulosa*; in H 51553 – *Eugenia splendens*; in H 52100 – *Myrcia densa*; in H 52102 – *Myrcia reticulosa*; in H 54233 – *Myrcia blanchetiana*; in H 54556 – *Myrcia venulosa*; 54558 – *Psidium laruotteanum*; in H 54600 – *Myrcia mischophylla*; 54655 – *Eugenia dysenterica*; in H 55187 – *Myrcia splendens*; in H 55242 – *Myrcia splendens*; in H 55247 – *Myrcia splendens*; in H 55250 – *Myrcia splendens*; 55254 – *Psidium guineense*.

Hatschbach, G. 44179 – *Eugenia dysenterica*; 47765 – *Eugenia punicifolia*; 48362 – *Psidium robustum*; 48726 – *Eugenia fluminensis*; 48745 – *Myrcia ilheosensis*; 49454 – *Myrciaria strigipes*; 50061 – *Eugenia ternatifolia*; 50734 – *Myrciaria strigipes*;

53481 – *Eugenia ayacuchae;* 56671 – *Eugenia punicifolia;* 56737 – *Eugenia punicifolia;* 56898 – *Eugenia pistaciifolia.*

Hind, D.J.N. in PCD 3975 – *Myrcia cf. blanchetiana;* in PCD 4212 – *Myrcia guianensis;* in PCD 4242 – *Myrcia mutabilis;* in PCD 4548 – *Campomanesia sessiliflora;* in H 50289 – *Myrcia splendens;* in H 50462 – *Eugenia punicifolia;* in H 50463 – *Psidium cf. brownianum;* in H 50471 – *Myrciaria cf. strigipes;* in H 50472 – *Myrciaria floribunda;* in H 50473 – *Myrcia guianensis;* in H 50493 – *Eugenia florida.*

Ibrahim, M. 23 – *Myrcia guianensis;* 24 – *Myrcia guianensis.*

Irwin, H.S. 14695 – *Eugenia punicifolia;* 32615 – *Myrcia blanchetiana.*

Jesus, J.A. 384 – *Eugenia prasina.*

Kral, R. 75561 – *Myrcia blanchetiana.*

Laessoe, T. in H 50994 – *Myrcia guianensis;* in H 50996 – *Myrcia guianensis;* in H 50996 – *Myrcia jacobinensis;* in H 52511 – *Myrcia guianensis;* in H 52516 – *Myrcia amazonica;* in H 53304 – *Myrcia grazielae.*

Landim, M.F. 634 – *Myrcia rosangelae;* 1468 – *Marlierea cf. excoriata;* s.n. – *Myrcia rosangelae.*

Lewis, G.P. in CFCR 7046 – *cf. Myrcianthes;* in CFCR 7074 – *Marlierea angustifolia;* in CFCR 7140 – *Myrcia guianensis;* in CFCR 7472 – *Myrcia amazonica.*

Lima, A. 58 2897 – *Psidium.*

Lopes, P.M. 4 – *Myrcia salzmannii.*

Lucas, E.J. 990 – *Calyptranthes restingae;* 992 – *Myrcia splendens;* 994 – *Myrcia aff. fenzliana;* 996 – *Myrcia splendens;* 1000 – *Myrcia littoralis;* 1005 – *Myrcia splendens;* 1031 – *Myrcia aff. fenzliana;* 1033 – *Myrcia aff. micropetala;* 1034 – *Myrcia splendens;* 1060 – *Myrcia splendens;* 1071 – *Myrcia sylvatica;* 1072 – *Myrcia aff. fenzliana;* 1087 – *Calyptranthes restingae;* 1089 – *Myrcia thyrsoidea;* 1090 – *Myrcia salzmannii;* 1094 – *Myrcia littoralis;* 1095 – *Myrcia thyrsoidea;* 1098 – *Myrcia littoralis.*

Luschnath, B. 62 – *Myrcia splendens.*

Lyra-Lemos, R.P. 690 – *Campomanesia eugenioides.*

Machado, J.W.B. 312 – *Myrcia subcordata;* 318 – *Myrcia aff. ochroides;* 324 – *Eugenia punicifolia.*

Martinelli, G. 5379 – *Myrcia splendens.*

Martius, C.F.P. 47 – *Myrciaria tenella;* 688 – *Myrcia splendens;* 1234 – *Myrcia lacerdaeana;* 1329 – *Myrcia bergiana;* s.n. – *Algrizea macrochlamys;* s.n. – *Campomanesia eugenioides;* s.n. – *Campomanesia laurifolia;* s.n. – *Eugenia laxa;* s.n. – *Eugenia platyphylla;* s.n. – *Eugenia platyphylla;* s.n. – *Marlierea strigipes;* s.n. – *Marlierea strigipes;* s.n. – *Myrcia pernambucensis;* s.n. – *Myrcia polyantha.*

Mattos Silva, L.A. 228 – *Eugenia macrosperma;* 397 – *Myrcia cuprea;* 450 – *Myrcia hirtiflora;* 492 – *Marlierea glabra;* 614 – *Neomitranthes warmingiana;* 877 – *Eugenia umbelliflora;* 909 – *Eugenia oblongata;* 914 – *Blepharocalyx eggersii;* 1234 – *Marlierea cf. racemosa;* 1286 – *Myrcia bergiana;* 1888 – *Myrcia cf. inaequiloba;* 1921 – *Eugenia punicifolia;* 2028 – *Marlierea glabra;* 2060 – *Myrcia guianensis;* 2177 – *Eugenia moschata;* 2185 – *Marlierea aff. tomentosa;* 2196 – *Eugenia bahiensis;* 2201 – *Myrcia venulosa;* 2230 – *Myrcia eximia;* 2236 – *Psidium schenkianum;* 2454 – *Eugenia ayacuchae;*

2513 – *Marlierea obversa;* 2623 – *Myrcia splendens;* 2634 – *Myrcia ilheosensis;* 2661 – *Myrciaria strigipes;* 2664 – *Eugenia umbelliflora;* 2697 – *Myrcia splendens;* 2699 – *Myrcia splendens;* 2724 – *Eugenia pruniformis;* 2790 – *Eugenia angustissima.*

Mattos, J.R. 9720 – *Myrcia sylvatica;* 9826 – *Myrcia sylvatica.*

Mayo, S. in PCD 38 – *Eugenia cerasiflora.*

Mello-Silva, R. 796 – *Myrcia blanchetiana;* in CFCR 7 – *Marlierea cf. angustifolia;* in CFCR 7282 – *Myrcia mischophylla;* in CFCR 7532 – *Eugenia punicifolia.*

Melo, E. 948 – *Myrcia guianensis;* 954 – *Myrcia cf. hartwegiana;* 989 – *Myrciaria cf. strigipes;* in PCD 1225 – *Myrcia blanchetiana;* in PCD 1251 – *Myrcia;* in PCD 1273 – *Blepharocalyx salicifolius;* 1303 – *Myrcia palustris;* in PCD 1303 – *Myrcia pubescens;* in PCD 1309 – *Myrcia splendens;* in PCD 1342 – *Myrcia aff. lineata;* in PCD 1362 – *Myrcia blanchetiana;* in PCD 1634 – *Myrcia blanchetiana;* in PCD 1637 – *Myrcia jacobinensis;* in PCD 1639 – *Myrcia guianensis;* in PCD 1647 – *Myrcia blanchetiana;* in PCD 1673 – *Myrcia amazonica;* in PCD 1699 – *Myrcia guianensis;* in PCD 1710 – *Eugenia punicifolia;* in PCD 1715 – *Myrcia splendens;* 4260 – *Myrcia guianensis;* 4264 – *Myrcia rufipes.*

Mendonça, R.C. 1529 – *Myrcia cf. eximia.*

Miranda, E.B. 759 – *Psidium guineense.*

Moraes, A.O. 293 – *Myrcia guianensis.*

Morais, J.M. 393 – *Eugenia punicifolia.*

Morawetz, W. 125 5978 – *Myrcia salzmannii;* 28 30878 – *Myrcia ramuliflora.*

Moreira, I.S. 173 – *Myrcia tomentosa.*

Mori, S.A. 9281 – *Myrcia carvalhoi;* 9301 – *Calyptranthes clusiifolia;* 9306 – *Marlierea clausseniana;* 9326 – *Myrcia carvalhoi;* 9442 – *Myrcia splendens;* 9444 – *Eugenia vetula;* 9450 – *Myrcia guianensis;* 9456 – *Myrcia splendens;* 9483 – *Myrcia rufipes;* 9604 – *Calyptranthes brasiliensis;* 9613 – *Myrcia vittoriana;* 9709 – *Myrcia splendens;* 9745 – *Myrcia littoralis;* 9746 – *Blepharocalyx eggersii;* 9749 – *Myrcia aff. racemosa;* 9838 – *Myrcia grazielae;* 9839 – *Eugenia subterminalis;* 9845 – *Myrcia cf. amblyphylla;* 9846 – *Marlierea sucrei;* 10005 – *Campomanesia eugenioides;* 10208 – *Myrcia grazielae;* 10457 – *Marlierea neuwiediana;* 10475 – *Marlierea neuwiediana;* 10528 – *Myrcia splendens;* 10575 – *Myrcia multiflora;* 10599 – *Myrcia multiflora;* 10621 – *Marlierea neuwiediana;* 10645 – *Eugenia excelsa;* 10666 – *Campomanesia guazumifolia;* 10733 – *Myrciaria ferruginea;* 10841 – *Myrcia cf. eximia;* 10844 – *Myrcia racemosa;* 10859 – *Eugenia rostrata;* 10897 – *Blepharocalyx eggersii;* 10902 – *Myrcia splendens;* 11021 – *Myrcia clavija;* 11024 – *Myrcia carvalhoi;* 11027 – *Marlierea clausseniana;* 11090 – *Eugenia ternatifolia;* 11140 – *Eugenia ligustrina;* 11145 – *Eugenia ternatifolia;* 11285 – *Myrcia amazonica;* 11293 – *Myrcia mutabilis;* 11412 – *Myrcia salzmannii;* 11413 – *Myrcia guianensis;* 11416 – *Myrciaria floribunda;* 11418 – *Psidium robustum;* 11425 – *Psidium guineense;* 11437 – *Calyptranthes clusiifolia;* 11452 – *Myrcia ilheosensis;* 11464 – *Myrcia splendens;* 11683 – *Myrcia littoralis;* 11695 – *Myrcia ilheosensis;* 11706 – *Myrcia racemosa;* 11723 –

Marlierea sucrei; 11752 – *Myrcia springiana;* 11877 – *Eugenia rostrata;* 11895 – *Myrcia racemosa;* 11960 – *Myrcia vittoriana;* 11967 – *Myrcia bergiana;* 12000 – *Myrcia guianensis;* 12079 – *Myrcia hexasticha;* 12333 – *Marlierea laevigata;* 12390 – *Myrcia almasensis;* 12869 – *Eugenia rostrata;* 12877 – *Myrcia amazonica;* 12887 – *Myrcia clavija;* 12890 – *Eugenia ligustrina;* 12922 – *Myrcia venulosa;* 12963 – *Myrcia splendens;* 12968 – *Myrcia calyptranthoides;* 12996 – *Eugenia rostrata;* 13016 – *Myrcia ilheosensis;* 13028 – *Myrcia salzmannii;* 13030 – *Marlierea sucrei;* 13038 – *Myrcia amazonica;* 13042 – *Plinia rivularis;* 13050 – *Myrcia racemosa;* 13061 – *Myrcia grazielae;* 13073 – *Eugenia mandioccensis;* 13118 – *Myrcia sylvatica;* 13120 – *Myrcia mutabilis;* 13122 – *Myrcia guianensis;* 13137 – *Myrcia guianensis;* 13223 – *Myrcia guianensis;* 13230 – *Myrcia jacobinensis;* 13267 – *Myrcia vittoriana;* 13295 – *Myrcia ilheosensis;* 13351 – *Myrcia ilheosensis;* 13359 – *Myrcia* aff. *blanchetiana;* 13363 – *Myrcia guianensis;* 13408 – *Myrcia sylvatica;* 13507 – *Myrcia splendens;* 13522 – *Myrcia venulosa;* 13570 – *Myrcia venulosa;* 13625 – *Myrcia* aff. *blanchetiana;* 13662 – *Myrcia ilheosensis;* 13680 – *Myrcia guianensis;* 13694 – *Myrcia* aff. *sylvatica;* 13931 – *Myrcia salzmannii;* 13934 – *Myrcia littoralis;* 14039 – *Myrcia guianensis;* 14087 – *Myrcia guianensis;* 14091 – *Myrcia densa;* 14106 – *Myrcia guianensis;* 14112 – *Myrcia splendens;* 14129 – *Marlierea obversa;* 14172 – *Myrcia littoralis;* 14173 – *Myrcia guianensis;* 14333 – *Myrciaria floribunda;* 14375 – *Myrcia ilheosensis;* 16606 – *Myrcia racemosa;* 16625 – *Myrcia guianensis;* 16627 – *Myrcia hirtiflora.*

Moricand 1825 – *Myrcia ramuliflora;* 1890 – *Myrcia hirtiflora;* 2315 – *Myrcia felisbertii;* 2334 – *Marlierea verticillaris.*

Moura, F. 134 – *Myrcia guianensis;* 404 – *Myrcia guianensis;* 440 – *Myrcia guianensis.*

Nascimento, J.G.A. 442 – *Myrcia multiflora.*

Neves, M.L.C. 75 – *Myrcia racemosa;* 104 – *Myrcia splendens;* 122 – *Myrcia hirtiflora.*

Nic Lughadha, E. in PCD 5958 – *Myrcia pubescens;* in PCD 6060 – *Eugenia punicifolia;* in PCD 6065 – *Eugenia mansoi;* in PCD 6172 – *Eugenia punicifolia;* in H 50208 – *Myrcia venulosa;* in H 50553 – *Myrcia tomentosa;* in H 50555 – *Myrcia splendens;* in H 50564 – *Psidium appendiculatum;* in H 50565 – *Algrizea macrochlamys;* in H 50566 – *Eugenia;* in H 50570 – *Myrciaria cuspidata;* in H 50572 – *Myrcia multiflora;* in H 50573 – *Myrcia guianensis;* in H 50638 – *Myrcia fenzliana;* in H 50639 – *Myrcia splendens;* in H 50701 – *Myrcia guianensis;* in H 50702 – *Myrcia guianensis;* in H 51013 – *Calyptranthes brasiliensis;* in H 51015 – *Calyptranthes ovalifolia;* in H 51016 – *Calyptranthes brasiliensis;* in H 51021 – *Myrcia venulosa;* in H 51040 – *Myrcia mischophylla;* in H 51041 – *Myrcia splendens;* in H 51074 – *Myrcia guianensis;* in H 52594 – *Myrcia densa;* in H 52840 – *Myrcia mutabilis;* in H 53342 – *Myrcia densa;* in H 53343 – *Eugenia vetula;* in H 53344 – *Myrcia fenzliana;* in H 53347 – *Myrcia jacobinensis;* in H 53357 – *Myrcia guianensis;* in H 53360 – *Psidium appendiculatum;* in H 53361 – *Myrciaria cuspidata;* in H 53363 – *Psidium cf. brownianum.*

Nunes, T.S. 1628 – *Myrcia ilheosensis.*

Oliveira, F.C.A 867 – *Myrcia splendens.*

Orlandi, R.P. 429 – *Eugenia punicifolia.*

Paixão, J.L. 16 – *Myrcia tijucensis;* 289 – *Myrcia micropetala;* 292 – *Marlierea grandifolia;* 334 – *Myrcia splendens;* 1104 – *Myrcia sylvatica;* 1229 – *Myrcia sylvatica.*

Passos, L. in PCD 3043 – *Eugenia punicifolia;* in PCD 4797 – *Eugenia punicifolia;* in PCD 4960 – *Myrcia fenzliana;* in PCD 5034 – *Myrcia venulosa;* in PCD 5546 – *Eugenia splendens;* in PCD 5716 – *Myrcia guianensis;* in PCD 5844 – *Eugenia splendens.*

Pastore, J.F.B. 1932 – *Myrcia splendens.*

Paula-Souza, J. 4805 – *Myrcia guianensis;* 4915 – *Myrcia bella;* 4956 – *Myrcia tomentosa;* 4973 – *Myrcia tomentosa;* 5312 – *Myrcia blanchetiana.*

Pereira Neto, M. 389 – *Myrcia splendens.*

Pereira, A. in PCD 1742 – *Eugenia umbelliflora;* in PCD 1837 – *Myrcia mutabilis;* in PCD 1838 – *Myrcia venulosa;* in PCD 1901 – *Eugenia zuccarinii.*

Pereira, B.A.S. 1572 – *Eugenia punicifolia.*

Pereira, E. 2173 – *Myrcia tomentosa.*

Pinheiro, R.S. 283 – *Eugenia excelsa;* 1193 – *Eugenia supraaxillaris.*

Pinto, G.C.P. 74 – *Myrcia guianensis.*

Pirani, J.R. in CFCR 1924 – *Myrcia ilheosensis;* in CFCR 2009 – *Myrcia ilheosensis;* in CFCR 2135 – *cf. Myrcianthes;* in CFCR 2167 – *Myrcia tomentosa;* in CFCR 2167 – *Myrcia tomentosa;* in CFCR 2171 – *Eugenia punicifolia;* 2336 – *Marlierea tomentosa;* 2682 – *Myrcia splendens;* 2685 – *Myrciaria floribunda;* in H 51018 – *Myrcia venulosa;* in H 51370 – *Myrcia guianensis;* in H 51437 – *Eugenia punicifolia.*

Plowman, T.C. 10042 – *Myrcia guianensis;* 12767 – *Myrciaria floribunda;* Pohl 1052 – *Campomanesia aromatica.*

Queiroz, L.P. 1494 – *Campomanesia eugenioides;* 1513 – *Eugenia punicifolia;* 2521 – *Calycolpus legrandii;* 2854 – *Myrcia guianensis;* 2958 – *Myrcia sylvatica;* 2964 – *Campomanesia eugenioides;* 3024 – *Eugenia uniflora;* 3094 – *Eugenia umbelliflora;* 3859 – *Neomitranthes obscura;* in PCD 3999 – *Myrcia* aff. *almasensis;* 4124 – *Myrcia splendens;* 4307 – *Myrcia* aff. *ochroides;* 5956 – *Eugenia stictopetala;* 9194 – *Psidium guineense;* 10902 – *Myrcia splendens;* 10902 – *Myrcia splendens;* 10986 – *Myrcia guianensis;* in H 51544 – *Eugenia punicifolia.*

Riedel, L. 487 – *Campomanesia dichotoma;* 509 – *Myrcia splendens;* 514 – *Myrcia hexasticha;* 515 – *Myrcia lineata;* 534 – *Marlierea verticillaris;* 635 – *Myrcia tomentosa;* 662 – *Myrcia laruotteana;* 670 – *Myrcia camapuanensis;* 677 – *Myrcia guianensis;* 689 – *Myrcia stigmatosa;* 828 – *Myrcia guianensis;* 1383 – *Myrcia guianensis;* 2570 – *Campomanesia pubescens;* s.n. – *Eugenia cymatodes;* s.n. – *Eugenia fissurata* s.n. – *Eugenia luschnathianus;* s.n. – *Eugenia psidiiflora;* s.n. – *Myrcia bergiana;* 235 – *Eugenia uniflora;* 338 – *Calyptranthes brasiliensis.*

Rodal, M.J.N. 412 – *Myrcia densa.*

Roque, N. in PCD 4508 – *Eugenia splendens.*

Saar, E. 53 – *Myrcia splendens;* in PCD 4948 – *Myrcia jacobinensis;* in PCD 4972 – *Myrcia mischophylla;* in PCD 5374 – *Myrcia splendens;* in PCD 5383 – *Myrcia* *mischophylla;* in PCD 5598 – *Eugenia punicifolia;* in PCD 5704 – *Myrcia venulosa.*

Salzmann, P. s.n. – *Myrcia amazonica;* s.n. – *Myrcia tomentosa;* s.n. – *Eugenia cauliflora;* s.n. – *Eugenia cauliflora;* s.n. – *Eugenia umbelliflora;* s.n. – *Eugenia umbelliflora;* s.n. – *Myrcia decorticans;* s.n. – *Myrcia guianensis;* s.n. – *Myrcia salzmanni;* s.n. – *Myrcia salzmannii;* s.n. – *Myrcia springiana;* s.n. – *Myrcia sylvatica;* s.n. – *Myrcia sylvatica;* s.n. – *Myrcia tomentosa;* s.n. – *Myrciaria floribunda;* s.n. – *Myrciaria floribunda;* s.n. – *Psidium guineense;* s.n. – *Psidium guineense.*

Sano, P.T. 14383 – *Myrcia ilheosensis;* in CFCR 14626 – *Myrcia amazonica.*

Sant'Ana, S.C. 81 – *Myrcia splendens;* 83 – *Myrcia splendens;* 96 – *Myrcia ilheosensis;* 115 – *Eugenia ligustrina.*

Santos, E.B. 230 – *Myrcia bergiana;* 232 – *Myrcia salzmannii.*

Santos, F.S. 5 – *Eugenia oblongata.*

Santos, T.S. 3227 – *Psidium guineense;* 3404 – *Marlierea tomentosa;* 3439 – *Myrcia guianensis;* 3453 – *Myrcia sylvatica;* 3537 – *Myrcia* aff. *richardiana;* 3996 – *Myrcia carvalhoi;* 4048 – *Myrcia carvalhoi;* 4390 – *Eugenia punicifolia.*

Santos, V.J. 537 – *Myrcia tomentosa;* 556 – *Myrcia splendens;* 575 – *Myrcia splendens.*

Sellow, F. 141 – *Myrcia sylvatica;* 148 – *Myrcia splendens;* 322 – *Eugenia pyriflora;* 367 – *Calyptranthes brasiliensis;* s.n. – *Eugenia pisiformis;* s.n. – *Gomidesia cerquieria;* s.n. – *Myrcia multiflora.*

Silva, L.A.M. 1546 – *Plinia rara.*

Silva, L.F. 122 – *Myrcia tomentosa.*

Simon, M.F. 219 – *Myrcia multiflora.*

Sobral, M. 7488 – *Plinia rara.*

Soffiati, P. in PCD 5866 – *Myrcia splendens.*

Souza, E.B. 1464 – *Myrcia splendens;* 14444 – *Myrcia guianensis.*

Souza, E.R. 448 – *Myrcia guianensis.*

Souza, V.C. in H 50263 – *Eugenia punicifolia.*

Souza-Silva, R.F. 99 – *Myrcia sylvatica.*

Stannard, B. in PCD 2597 – *Myrcia guianensis;* in PCD 2609 – *Psidium guineense;* in PCD 4586 – *Myrcia blanchetiana;* in PCD 4620 – *Myrcia multiflora;* in PCD 4988 – *Marlierea laevigata;* in PCD 4990 – *Campomanesia sessiliflora;* in PCD 5438 – *Eugenia mansoi;* in PCD 5450 – *Myrcia guianensis;* in PCD 5628 – *Myrcia splendens;* in PCD 5630 – *Myrcia blanchetiana;* in PCD 5632 – *Calyptranthes ovalifolia;* in PCD 5672 – *Calyptranthes ovalifolia;* in PCD 5675 – *Eugenia punicifolia;* in CFCR 6985 – *Myrcia* aff. *blanchetiana;* in CFCR 7418 – *Psidium grandifolium;* in H 50851 – *Myrcia venulosa;* in H 51161 – *Myrcia guianensis;* in H 51166 – *Myrcia densa;* in H 51183 – *Myrcia jacobinensis;* in H 51575 – *Psidium cf. brownianum;* in H 51594 – *Eugenia punicifolia;* in H 51603 – *Psidium cf. brownianum;* in H 51615 – *Psidium cf. brownianum;* in H 51617 – *Myrciaria cuspidata;* in H 51664 – *Eugenia punicifolia;* in H 51682 – *Eugenia uniflora;* in H 51720 – *Eugenia;* in H 51723 – *Myrciaria cuspidata;* in H 51732 – *Eugenia splendens;* in H 51733 – *Eugenia splendens;* in H 51813 – *Eugenia pistaciifolia;* in H 51830 – *Myrcia blanchetiana;* in H 51878 – *Eugenia mansoi;* in H 51882 – *Myrciaria cuspidata;* in H 51906 – *Eugenia punicifolia;* in H 51964 – *Eugenia punicifolia;* in H 51977 – *Myrcia amazonica;* in H 51990 – *Eugenia mansoi;* in H 52124 – *Eugenia splendens;* in H 52717 – *Eugenia platyphylla;* in H 52767 – *Marlierea* aff. *lituatinervia;* in H 52775 – *Eugenia mansoi;* in H 52776 – *Eugenia punicifolia;* in H 52832 – *Myrcia guianensis;* in H 53353 – *Myrcia guianensis.*

Stapf, M.N.S. 218 – *Myrcia multiflora;* 351 – *Psidium guineense;* 442 – *Gomidesia cerquieria* unplaced name.

Swainson s.n. – *Myrcia bergiana.*

Taylor, N.P. 1590 – *Myrcia densa.*

Thomas, W.W. 8993 – *Myrcia vittoriana;* 9040 – *Marlierea racemosa;* 9044 – *Myrcia vittoriana;* 9056 – *Myrcia bergiana;* 9063 – *Myrcia splendens;* 9121 – *Myrcia ilheosensis;* 9131 – *Eugenia hirta;* 9137 – *Myrcia vittoriana;* 9173 – *Myrcia springiana;* 9209 – *Myrcia springiana;* 9223 – *Myrcia hirtiflora;*

Ule, E. 6977 – *Myrcia tomentosa.*

Vaz, A.M.J.F. 407 – *Calycolpus legrandii.*

Voeks, R. 73 – *Myrcia hirtiflora;* 96 – *Myrcia guianensis;* 109 – *Myrcia guianensis.*

Walter, B.M.T. 2910 – *Myrcia laricina.*

Webster, G.L. 25822 – *Myrcia tomentosa.*

Woodgyer, E. in PCD 2391 – *Campomanesia guazumifolia;* in PCD 2793 – *Myrcia guianensis;* in PCD 2838 – *Calyptranthes* aff. *lucida;* in PCD 2840 – *Calyptranthes* aff. *lucida.*

Lightning Source UK Ltd.
Milton Keynes UK
UKOW042355130112

185300UK00001B/18/P